Wolfgang Wickler

Die Biologie der Zehn Gebote und die Natur des Menschen

Wissen und Glauben im Widerstreit

Wolfgang Wickler
Seewiesen
Bayern
Deutschland

ISBN 978-3-642-41758-0 ISBN 978-3-642-41759-7(eBook)
DOI 10.1007/978-3-642-41759-7

Die Deutsche Nationalbibliothek verzeichnet diese Publikation in der Deutschen Nationalbibliografie; detaillierte bibliografische Daten sind im Internet über http://dnb.d-nb.de abrufbar.

Springer Spektrum
© Springer-Verlag Berlin Heidelberg 2014
Das Werk einschließlich aller seiner Teile ist urheberrechtlich geschützt. Jede Verwertung, die nicht ausdrücklich vom Urheberrechtsgesetz zugelassen ist, bedarf der vorherigen Zustimmung des Verlags. Das gilt insbesondere für Vervielfältigungen, Bearbeitungen, Übersetzungen, Mikroverfilmungen und die Einspeicherung und Verarbeitung in elektronischen Systemen.

Die Wiedergabe von Gebrauchsnamen, Handelsnamen, Warenbezeichnungen usw. in diesem Werk berechtigt auch ohne besondere Kennzeichnung nicht zu der Annahme, dass solche Namen im Sinne der Warenzeichen- und Markenschutz-Gesetzgebung als frei zu betrachten wären und daher von jedermann benutzt werden dürften.

Planung und Lektorat: Merlet Behncke-Braunbeck, Imme Techentin
Redaktion: Andreas Held

Gedruckt auf säurefreiem und chlorfrei gebleichtem Papier

Springer Spektrum ist eine Marke von Springer DE. Springer DE ist Teil der Fachverlagsgruppe Springer Science+Business Media
www.springer-spektrum.de

Die Biologie der Zehn Gebote und die Natur
des Menschen

Vorwort

Seit Langem besteht ein merklicher Unterschied zwischen der biologischen und der philosophisch-theologischen Interpretation der belebten Schöpfung. Das zeigt sich nicht so sehr zwischen Theologie und Glaube auf der einen Seite und unbelebter Schöpfung in Physik, Astrophysik, Geowissenschaft und Kosmologie auf der anderen Seite, Bereichen also, die kaum ins tägliche Leben der Menschen hineinwirken. Im Falle der Lebenswissenschaften ist es jedoch ganz anders; da werden die Diskrepanzen eher größer. Denn Theologen predigen den Schöpfer, aber verstehen die Schöpfung nicht. Sie nehmen, gemeinsam mit Philosophen, in bio-ethischen Fragen nicht den ganzen Menschen als Erfahrungen und Wissen sammelndes Lebewesen in den Blick, sondern betrachten zum einen das bedingt entwicklungsfähige Programm in seinen Genen, zum anderen seine Geistseele, die ihm Würde, Gottesebenbildlichkeit und eine *post-mortem*-Existenz verleiht.

Ihr vorrangig theoretisches Wissen über die Schöpfung beziehen Theologen aus zwei Quellen: Erstens aus übernatürlichen Offenbarungen in Heiligen Schriften, zweitens aus seit dem Mittelalter überlieferten philosophischen Reflexionen auf das Phänomen Leben und die metaphysische Natur des Menschen. Biologen gewinnen zunehmend Einsichten in die Grundlagen des Lebens, seine Entstehung und vor allem in den fortlaufenden Prozess seiner Evolution, in der immer wieder Neues aus Vorhandenem entsteht. Diesen Vorgang in Grundzügen zu kennen, ist Vorbedingung, um zu verstehen, worauf die Zehn Gebote Bezug nehmen und wo die Ursachen dafür liegen, dass sie regelmäßig übertreten werden.

Zwei namhafte theologisch-philosophische Publikationen aus dem Jahre 2007 behandeln die Evolutionstheorie und verknüpfen sie mit der Frage nach dem Schöpfer; die eine stammt von Christoph Kardinal Schönborn, die andere von Martin Rhonheimer, Philosoph an der Päpstlichen Universität Santa Croce in Rom. Für beide Autoren ist es nicht zufriedenstellend, dass Naturwissenschaftler die Metaphysik nicht leugnen können; sie bekräftigen vielmehr die These, sowohl Theologie als auch Naturwissenschaft seien vernünftige Zugänge zur Wirklichkeit und könnten einander nicht widersprechen. Konflikte könne es aber geben, wenn von einer Seite der eigene Zuständigkeitsbereich überschritten wird. Anstatt auf eine Annäherung zwischen biologischer und philosophisch-theologischer Interpretation der belebten Schöpfung setzen beide Autoren auf eine deutlichere, durch die Interpretationsmethoden begründete Trennung zwischen Naturwissenschaft und Philosophie/Theologie. Danach ist die Naturwissenschaft zuständig für die Materialien der Schöpfung, während für Philosophen ein metaphysisches formgebendes Lebensprinzip, die Seele, entscheidend ist. Martin Rhonheimer (2007, S. 52, 55) macht es ganz klar: „Wir wissen, dass es ein solches Funktionieren ohne Seele, d. h. ohne einheitliches, formgebendes

Lebensprinzip, nicht geben könnte"; doch diese Seele „ist allein metaphysischer Erkenntnis zugänglich und hat keinen naturwissenschaftlichen Erklärungswert"; „die „Seele" und damit auch „Leben als solches" sind nicht Gegenstand der Naturwissenschaft". Die Philosophie sagt, „die Natur ist in sich ein zweckhaft organisiertes Ganzes, deren Prozesse eine teleologische Struktur besitzen. Da es innerhalb der Natur keine Intentionalität und Intelligenz gibt, muss diese von einer der Natur transzendenten intelligenten Ursache kommen. – Zu verstehen wie diese der Natur eingestiftete *ratio artis divinae* funktioniert, ist allein Sache der Naturwissenschaften" (Rhonheimer 2007, S. 69).

Beide Autoren sehen in der Evolution der Lebewesen eine fortgesetzte Schöpfung (*creatio continua*), weil ihrer Meinung nach Höheres nicht ohne orientierendes, organisierendes Wirken aus Niedrigem entstehen kann (Schönborn 2007, S. 86), machen aber einen Unterschied zwischen dem Prozess der biologischen Evolution und der Schöpfung als transzendenter Ursache. „Dass es für die artspezifische ‚ontologische Identität' von Naturwesen einer ‚Form' bedarf und eine rein mechanistische Erklärung nicht genügt, das weiß die Metaphysik und die Naturphilosophie; die Biologie braucht es für das Betreiben ihres Geschäfts nicht zu wissen" (Rhonheimer 2007, S. 78). Andererseits weiß aber die Biologie vieles, womit Metaphysiker und Naturphilosophen offenbar nichts anzufangen wissen. Philosophisch-theologische Aussagen über die Natur interpretieren unsere Kenntnis über biologische Sachverhalte. Diese Kenntnis nimmt ständig zu. Philosophisch-theologische Interpretationen beziehen sich aber oft auf einen Jahrhunderte zurückliegenden Kenntnisstand.

Anhand der Zehn Gebote lässt sich besonders gut aufzeigen, welche aktuellen Folgen es für den „Endverbraucher" hat, wenn bei ihm unterschiedliche Folgerungen aus biologischer und philosophisch-theologischer Interpretation der Natur zusammenstoßen, vor allem, wenn durch Grenzüberschreitung der Theologen sachlich Falsches als Glaubenswahrheit verkündet wird, wo es um Weisungen an die Menschen geht, gemäß ihrer menschlichen Natur zu leben. Der Philosoph Ludger Honnefelder meint (zitiert aus Hoff 2013, S. 416), „ein Begriff der Natur, auf den wir zur Orientierung unseres Handelns…. zurückgreifen müssen, wird gehaltvoller sein müssen als die den Gegenstand der Biologie bildende Natur". Auch wenn man diesem Naturbegriff beliebige Grenzen setzt, „die den Gegenstand der Biologie bildende Natur", um die es hier geht, wird allemal einbegriffen sein müssen.

Literatur

Hoff GM (2013) Schöpfungstheologie im Konflikt? In: Hoff GM (Hrsg) Konflikte um Ressourcen – Kriege um Wahrheit. Alber, Freiburg, S 431–442

Rhonheimer M (2007) Neodarwinistische Evolutionstheorie, Intelligent Design und die Frage nach dem Schöpfer. Imago Hominis 14:47–81

Schönborn C (2007) Ziel oder Zufall? Schöpfung und Evolution aus der icht eines vernünftigen Glaubens. Herder, Freiburg

Inhalt

Vorwort V

1 Gebote: Verkehrsregeln fürs Zusammenleben 1
Literatur 6

2 Natürliche Moral? 7
Literatur 10

3 Predigtmärlein 11
Literatur 18

4 Evolution als Schöpfung 19
    4.1 Kennzeichen der Evolution 25
    4.2 Organische Evolution 26
    4.3 Stammbaum-Rekonstruktion 28
        4.3.1 Übliche Darstellung 30
        4.3.2 Vernetzter Stammbaum 33
    4.4 Kulturelle Evolution 34
    4.5 Organische und kulturelle Evolution im Vergleich 38
    4.6 Sprachen-Evolution 40
    4.7 Selektion 41
    4.8 Normen-Evolution 43
    4.9 Genom-Kultur-Koevolution 45
    4.10 Zufälligkeiten 49
    Literatur 51

5 Frequenzabhängige Selektion 55
5.1 Das unökonomische Geschlechterverhältnis 56
5.2 Evolutionäre Gleichgewichte 61
Literatur 62

6 Evolutionär Neues 65
6.1 Neuerungen aus biologischer Sicht 66
  6.1.1 Zusammenschluss verschiedener Organismen 67
  6.1.2 Vervielfältigung und Spezialisierung 70
  6.1.3 Selbstorganisation 73
  6.1.4 Emergenz 75
6.2 Neues aus philosophisch-theologischer Sicht 77
Literatur 79

7 Epigenetik 81
Literatur 84

8 Konkurrenz, Kooperation, Altruismus und biologische Märkte 85
8.1 Konkurrenz und Kooperation 85
8.2 Altruismus 87
8.3 Biologische Märkte 89
Literatur 92

9 Typische Konfliktsituationen in tierischen Sozietäten 95
9.1 Artgenossen töten 95
  9.1.1 Gruppenkämpfe 96
  9.1.2 Rivalenkämpfe 98
  9.1.3 Geschwistertötung 102
  9.1.4 Infantizid 105
9.2 Behinderungen der Paarbildung 110
  9.2.1 Divergierende Interessen der Partner 110
  9.2.2 Störende Interessen Dritter 111
9.3 Stehlen 113

9.4	Taktisches Täuschen	116
	9.4.1 Soziale Mimikry	119
9.5	Die Älteren ehren	122
Literatur		124

10 Die Besonderheit des Menschen … 129

10.1 Die Besonderheit des Menschen aus biologischer Sicht … 130
    10.1.1 Erfahrungen und Erwartungen … 131
    10.1.2 Voraussicht beim Menschen … 136
    10.1.3 Das Avunkulat … 138
10.2 Die Besonderheit des Menschen aus biblischer Sicht … 140
    10.2.1 Ein ökologisches Gebot … 140
    10.2.2 Die Allmende-Regelung … 145
10.3 Die Seele … 147
    10.3.1 Die aristotelische Seele … 147
    10.3.2 Die Seele in der Evolution … 150
    10.3.3 Die menschliche Geistseele … 152
    10.3.4 Die unsterbliche Seele … 154
Literatur … 156

11 Die Herkunft des Menschen … 159

11.1 Die Herkunft des Menschen aus biologischer Sicht … 159
11.2 Mitochondrien-„Eva" und Y-Chromosom-„Adam" … 163
11.3 Die Herkunft des Menschen nach biblischer Schilderung … 166
11.4 Die Herkunft des Menschen aus theologischer Sicht … 168
Literatur … 171

12 Biologie und Theologie des Bösen … 173

12.1 Biologie und Kant … 174
12.2 Konrad Lorenz und Joseph Ratzinger … 176

- 12.3 Die Legende von der Erbsünde 179
  - 12.3.1 Wirksamkeit der Erbsünde 180
  - 12.3.2 Theologie des Monogenismus 182
  - 12.3.3 Sachlich falsche Glaubenswahrheiten ... 185
- 12.4 Tod und Sterben 190
- Literatur 193

13 Historische Reste 195
- 13.1 Historische Reste als Ballast 197
- 13.2 Historische Reste als Basis für Neues 200
  - 13.2.1 Lehrbuchbeispiele aus dem Körperbau .. 200
  - 13.2.2 Bizarre Kopulationsmethoden 201
- Literatur 202

14 Evolutionsstufen der Sexualität 203
- 14.1 Ergänzungssexualität 203
- 14.2 Reproduktionssexualität 204
- 14.3 Soziosexualität 205
- 14.4 Einige soziosexuelle Signale von Primaten einschließlich des Menschen 207
  - 14.4.1 Der Phallus als Machtsymbol 207
  - 14.4.2 Die Kopula als Zeugnis der Macht 209
- Literatur 209

15 Sexualität aus theologischer Sicht 211
- 15.1 Theologische Deutung der Sexualität 211
- 15.2 Päpstliche Deutung der Sexualität 214
- 15.3 Sexualität und Familienstruktur 219
- Literatur 225

16 Grenzen ziehen im Kontinuum 227
- Literatur 231

17 Die Menschenwürde 233
- 17.1 Würde und Person 234
- 17.2 Die Würde des Klons 235

17.3 Der werdende Würdeträger 244
17.4 Der naturgemäße Embryo-Mutter-Konflikt 250
17.5 Kontinuierliche Würde 255
17.6 Potenzialität der Körperzellen 261
Literatur 264

18 Sinnsuche 267

18.1 Schein-Ziele in der Natur 270
18.2 Arterhaltung und Da-Sein des
     Menschen als philosophische Zielvorgaben 272
Literatur 276

19 Harmonisierung von Wissens- und Glaubensinhalten? 279

Literatur 283

1
Gebote: Verkehrsregeln fürs Zusammenleben

Menschen in allen Völkern und Volksgruppen haben Regeln für ihr Zusammenleben. Schon die Kinder lernen „So ist's recht" oder „Das tut man nicht", wobei das Vorbild der Erwachsenen meist mehr zählt als mündliches Belehren. Details können regional verschieden sein, zum Beispiel wann, wen und wie man grüßt, aber das Grüßen an sich ist wichtig und notwendig und wird überall geregelt. Auch wesentlich wichtigere Bereiche des sozialen Lebens, die sich stets und überall als Problemstellen erweisen, verlangen konsensfähige Regelungen. Als notwendig für ein friedliches und geordnetes Zusammenleben bezeichnet der Philosoph John Leslie Mackie (1983, S. 133) „ein System von Verhaltensregeln besonderer Art, nämlich von solchen, deren Hauptaufgabe die Wahrung der Interessen anderer ist und die sich für den Handelnden als Beschränkungen seiner natürlichen Neigungen oder spontanen Handlungswünsche darstellen". Diese Verhaltensregeln zu beachten, bedeutet für den Menschen, im guten Sinne moralisch zu leben. Moral umschreibt Anhaltspunkte für die Handlungsorientierung, Ethik liefert die Rechtfertigung, eine Theorie der Moral.

Schon um 400 v. Chr. behauptete Thukydides, einer der größten griechischen Intellektuellen, Gemeinnutz könne nicht ohne soziale Opfer erreicht werden. Die solchermaßen unbedingt regelungsbedürftigen Problembereiche des Zusammenlebens sind völkerübergreifend dieselben. Dementsprechend besteht dieses System als Grundlage und Inbegriff der Sittlichkeit weltweit aus denselben Maximen elementarer Menschlichkeit, die in allen Weltreligionen gelten, Regeln, denen Hans Küng in seinem *Projekt Weltethos* den Rang unbedingt geltender Normen zuschreibt: nicht töten, nicht lügen, nicht stehlen, nicht Unzucht treiben, die Eltern achten.

Diese Regeln kennen Juden, Christen und Muslime aus Thora, Koran und Bibel (Ex 20, 1–17). Nach übereinstimmender Überlieferung der drei abrahamitischen Religionen sind es von Gott gegebene Verhaltensregeln aus der Zeit des Mose, der zwischen 1400 und 1300 v. Chr. lebte. Wie die Bibel erzählt, wurden diese Regeln auf dem Berg Horeb von Gottes Finger auf steinerne Tafeln geschrieben und, nachdem Mose die ersten Tafeln aus Wut über den Tanz des Volkes ums Goldene Kalb zerschmetterte, zum zweiten Mal auf neue Tafeln geschrieben (Ex 31, 18; 32, 19; 34, 27–28). Man nennt diese Regeln den „ethischen Dekalog".

Bilder, die Mose mit zwei Gesetzestafeln zeigen, haben die Zehn Gebote ungleich verteilt: Regelmäßig stehen drei auf der einen, sieben auf der anderen Tafel. Das weist auf ihre unterschiedlichen Bedeutungsfelder hin: Drei beziehen sich auf die Beziehung des Menschen zu Gott, sieben „Sozialgebote" auf die Beziehungen der Menschen untereinander. Letztere umschreiben die laut Küng unbedingt geltenden Normen und die Mackie'schen Regeln für moralisches

1 Gebote: Verkehrsregeln fürs Zusammenleben

Verhalten. Im Markus-Evangelium (Mk 10, 17–19) sind sie von Jesus aufgezählt, wo er erklärt, was man tun muss, um das Heil zu gewinnen: „Du sollst nicht töten, nicht ehebrechen, nicht stehlen, nicht falsches Zeugnis reden, nicht rauben, ehre deinen Vater und deine Mutter".

Diese Grundregeln für das Zusammenleben sind als Leerformeln abgefasst, in denen das für Paragraphenwerke übliche und fürs tägliche Leben nötige inhaltliche Kleingedruckte fehlt; das entwickelt sich kulturgeschichtlich verschieden. Die Grundregeln markieren lediglich, und zwar warnend, die Haupt-Konfliktstellen im sozialen Miteinander, nämlich die Gelegenheiten, bei denen der Einzelne sich Vorteile verschaffen kann auf Kosten der anderen, also die Stellen, die für John Mackie eine Beschränkung der individuellen Handlungswünsche zur Wahrung der Interessen anderer notwendig machen. In wesentlichen Punkten dieselben Weisungen für das soziale Zusammenleben stehen schon im altbabylonischen Codex Hammurabi aus dem 18./17. Jahrhundert v. Chr. sowie – als negativer Tugendspiegel („ich habe nicht....") zum Freispruch vor dem Richterkollegium im Jenseits – in den Totenbüchern aus dem Neuen Reich Ägyptens vom 16. bis 12. Jahrhundert v. Chr.; ein Anzeichen dafür, dass immer wieder dieselben Weisungen nötig werden, um das Zusammenleben der Menschen vernünftig zu gestalten, und auch ein Anzeichen dafür, dass sich eine solche vernünftige Lebensordnung nicht automatisch von Natur her einstellt.

Aber Menschen machen und bewahren Erfahrungen. Die auf das Zusammenleben bezogenen Dekalog-Gebote entstammen sehr wahrscheinlich einer frühen Phase „experimenteller Ethik". In Kleingruppen merkt man rasch, wie sich Stehlen oder Betrügen auf die Gemeinschaft und auf jeden in der Gemeinschaft auswirken, zumal wenn Beispiele Schule machen. Wer lügt, untergräbt die Kommunikation; ein in der Gruppe bekannter Lügner und anderweitige Untäter konnten „exkommuniziert" werden. Was aus Erfahrung dem Zusammenleben schadet, erfahren Kinder von den Eltern, ohne es selbst ausprobieren zu müssen. Es geht ihnen gut im Leben, wenn sie auf die Eltern hören. Weise Väter und Großväter, schicksalsmächtige Ahnen und schließlich der Vater-unser-Gott mahnen die bewährten Regeln an. Um in einer anonymen vielschichtigen Gesellschaft Untaten einzudämmen, müssen die Regeln auf ihren allgemein gültigen Kern kondensiert und bereichsweise ergänzend spezifiziert werden. Seit Moses Zeiten gibt es Ergänzungsgebote in großer Zahl, samt Erklärungen und Begründungen der sittlichen Vorschriften, wobei im Sinne experimenteller Ethik die Folgen einer Handlung das entscheidende Argument liefern (Schüller 1973).

Dazu wurde am 1. September 1997 den Vereinten Nationen und der Weltöffentlichkeit eine „Allgemeine Erklärung der Menschenpflichten" vorgeschlagen, als Gegengewicht und Ergänzung zur „Allgemeinen Erklärung der Menschenrechte" (Schmidt 2011, S. 165). In 19 Artikeln wird genauer behandelt, welche Pflichten allen Menschen auferlegt sein sollen: unter anderem sich friedlich und im Geist der Brüderlichkeit zu verhalten, hilfsbereit zu sein, keinen Mitmenschen zu belügen, zu betrügen oder zu manipulieren; Mann und Frau sollen in Liebe, Treue, Dauerhaftigkeit und Respekt zusammenleben; im angemessenen Umgang mit Eigentum soll jede Form von Diebstahl oder Ausbeutung unterbleiben; und die Menschen sollen Sorge dafür tragen, dass die Natur und die Mitgeschöpfe geschützt und erhalten werden. Ein Erstunterzeichner der Erklärung war Helmut Schmidt. Er betonte, wenn den Menschen Rechte zugestanden werden, müssen sie auch Pflichten auf sich nehmen, und er war sich klar darüber, dass diese Pflichten auf den biblischen Dekalog verweisen.

Im Dekalog sind die sozialen Gebote bis auf eines Verbote. Sie verbieten bestimmte, dem Menschen mögliche Verhaltensformen und stellen sie, nach Auslegung der Kirche, unter Strafe (ausgemalt mit Hölle und Teufel). Muss es also die (Höllen-)Strafen geben, damit es sich lohnt, das Verbotene zu unterlassen? In mosaischer Zeit galten Naturgesetze als Ausdruck göttlichen Willens, das heißt, man sah keinen Unterschied zwischen den göttlichen Gesetzen und denen der Natur. Dennoch besteht ein Unterschied: Göttliche Gesetze sind Vorschriften, Naturgesetze sind Beschreibungen; Erstere kann man übertreten, Letztere nicht.

Nun merkt, wer tierische Sozietäten genau untersucht, bald, dass es dort im Zusammenleben der Individuen dieselben Problemstellen gibt wie im Zusammenleben von Menschen. Das Sozialleben der Tiere ist geradezu gespickt mit Situationen, in denen ein Individuum dadurch Vorteile für sich erlangen kann, dass es Gruppengenossen benachteiligt oder schädigt. Diese Konfliktsituationen ergeben sich streng naturgesetzlich. Deshalb steht zu erwarten, dass das Verhalten der Tiere in solchen Konfliktsituationen zugunsten eines dauerhaften Zusammenlebens ebenfalls naturgesetzlich geregelt ist. Dementsprechend wurde und wird immer wieder soziales Verhalten der Tiere mit dem des Menschen verglichen, freilich mit unterschiedlichen Ergebnissen, je nach dem, was jeweils über tierisches Verhalten bekannt ist. Immer wird es in den Vergleichen aus menschlicher Sicht bewertet, als abschreckendes Beispiel oder als nachahmenswertes Vorbild. Unverständlicherweise wird jedoch nie hinterfragt, nach welchen Kriterien nachahmenswerte von warnenden Vorbildern zu unterscheiden wären.

Wenn Theologen bis heute die Naturgesetze als gottgewollte Ordnung interpretieren, dann wäre es für sie naheliegend, sich dafür zu interessieren, wie die unvermeidbaren Konfliktstellen in den nicht-menschlichen Sozietäten gottgewollt naturgesetzlich (unübertretbar?) geordnet sind. Nicht in erster Linie, um von dort Regeln für menschliches Zusammenleben zu übernehmen, sondern, um zu erfahren, welches allgemein biologische Ordnungsprogramm für Sozialprobleme vermutlich aus biologischer Herkunft auch im Menschen steckt. Eine andere Frage lautet dann, ob eine derartige natürlicherweise (oder gar von Gott) vorgegebene Problembewältigung für Menschen ausreicht oder mit kulturellen Weisungen zu ergänzen ist.

Literatur

Mackie JL (1983) Ethik. Reclam, Stuttgart
Schmidt H (2011) Religion in der Verantwortung. Ullstein, Berlin
Schüller B (1973) Die Begründung sittlicher Urteile. Patmos, Düsseldorf

2
Natürliche Moral?

Der griechische Wissenschaftler und Philosoph Aristoteles hatte das ganze zu seiner Zeit im Mittelmeerraum bekannte Wissen erfasst, und seine Schriften haben weithin das europäische Denken beeinflusst. Nur lebte er von 382 bis 322 v. Chr., und deshalb waren seine Werke heidnischen Ursprungs und in der christlichen Welt lange umstritten. Im 13. Jahrhundert bearbeitete Albertus Magnus erneut das gesamte Wissen seiner Zeit aus Theologie, Philosophie, Medizin und Naturwissenschaften und versuchte, das naturphilosophische Denken des Aristoteles mit dem christlichen Glauben zu vereinbaren. Einige seiner naturwissenschaftlichen Arbeiten im jeweiligen Wissenschaftssektor waren bahnbrechend, so die erste ausführliche Darstellung der mitteleuropäischen Flora und Fauna (einschließlich Tausendfüßer, Insekten und Spinnen).

Albert der Große war überzeugt, dass es eine erste Offenbarung gibt, die Gott uns in der Natur mitgeteilt hat, und eine übernatürliche, die im Alten und Neuen Testament enthalten ist. Die Erforschung der natürlichen Offenbarung wurde den Naturwissenschaftlern und christlichen Philosophen zugewiesen, die der übernatürlichen den Theologen. Da beide Offenbarungen vom selben Urheber stammen, müssen ihre Aussagen harmonisierbar sein. Es könne zwischen Glauben und menschlicher Vernunft keinen Widerspruch geben, verkündete das Vatikanische Konzil 1870. Wo eine Divergenz zu bleiben scheint, so stellte Papst Leo XIII. 1893 klar (*Proventissimus Deus*), „dürfen wir gewiss sein, dass ein Irrtum vorliegt entweder in der Deutung der heiligen Worte oder in der polemischen Diskussion; wenn kein Fehler dieser Art zu entdecken ist, müssen wir das endgültig abschließende Urteil für eine Zeit aufschieben". Dieser Papst ist also der Ansicht, dass auch Theologen, nicht nur Naturwissenschaftler, einem Irrtum unterliegen können!

Woran zu erkennen wäre, dass die Zeit für ein klärendes Urteil über ihre widersprüchlichen Aussagen gekommen sei, erscheint ungeklärt. Das ist besonders störend in der Frage der Wurzeln unmoralischen Verhaltens des Menschen. Beide Seiten tragen seit Jahrhunderten Indizienmaterial zugunsten ihrer eigenen Aussagen zusammen, zunächst gestützt auf Beobachtungen vom Leben der Tiere. Frühe Jägervölker mussten sich vor gefährlichen Raub- und Großtieren in Acht nehmen und das Angriffs- und Fluchtverhalten ihrer Beutetiere kennen. Sie nutzten Tarnungen und Verkleidungen, um sich zu schützen oder sich unbemerkt den Tieren zu nähern. Sie verwendeten Lockvögel und andere Attrappen, um Tiere in Reichweite zu holen. Und sie haben schon in ältester Zeit Tiere zu Haustieren gemacht, die sich vom Menschen ausnutzen lassen und für ihn arbeiten. Haustiere gelten deshalb als geradezu sprichwörtlich dumm: Gans, Huhn, Pute, Hund, Rindvieh, Esel, Ziege, Schaf.

Und das ist nicht einmal ganz falsch. Das Schaf zum Beispiel wurde vor über 9000 Jahren allmählich zum Haustier. Seine Stammform, das Orientalische Wildschaf, lebt gesellig in überschaubaren stabilen Gruppen mit fester Rangordnung. Diese Tiere sind menschenscheu, aufmerksam, wachsam, wehrhaft, sehr ortskundig und bilden Generationen hindurch Wegetraditionen aus. Die Schutz-, Fürsorge- und Leitungsfunktion für das Hausschaf haben menschliche Hirten übernommen. Deren Stolz ist eine große Herde, die allerdings rasch das verfügbare Gelände kahl frisst und zu wechselnden neuen Stellen geführt werden muss. Eigene Kenntnis dieser Wege braucht das Hausschaf nicht. Der Hirte übernimmt die Wachsamkeit vor Feinden und das Aufmerken vor gefährlichen Steilstellen im Gelände. Unter der Obhut der Hirten wurde das Großhirn der Schafe gegenüber der Wildform um 24 % kleiner. Reduziert ist vor allem das Hirngebiet, das zuständig ist für Emotionalität, allgemeine Aufmerksamkeit und Wachsamkeit. Solch reduzierte Fähigkeiten sind typisch für alle Haustiere. „Das zahme Tier ist nur durch Schwächung dem Menschen nützlicher als das wilde", konstatierte Immanuel Kant (1912, S. 282).

Haustiere sind durch den Menschen leichter zu manipulieren, sind aber auch auf ihn angewiesen. Das ist die Kehrseite der beliebten Hirten-Metapher. Nach dem Vorbild des ägyptischen Pharao, der mit dem Krummstab in der Hand sein Volk behütete, entstand das Leitbild des Guten Hirten: Jahwe als Guter Hirte Israels, auch Christus beauftragt Petrus: „Weide meine Schafe." Heute pflegen manche pastoralen Hirten und Oberhirten der Kirchenhierarchie leider eine deutliche Vorliebe für die folgsamen Schafe, obgleich ihr biblisches Vorbild empfahl (Mt 18, 12), 99 pflegeleichte Herdenschafe in der Steppe zu lassen, um einem neugierig unternehmungslustigen nachzugehen.

Literatur

Kant I (1912) Anthropologie in pragmatischer Hinsicht. Meiner, Leipzig (1. Aufl. 1798, Nicolovius, Leipzig)

3
Predigtmärlein

Bezeichnenderweise fehlen Haustiere in den zahlreichen alten Tiergeschichten, die den Leser nicht nur unterhalten, sondern auch belehren wollten. Sie erzählen von Tieren, die in ihrer natürlichen Umgebung dem Menschen mancherlei Wunderliches und Erstaunliches kundtaten. Aus begreiflicher Vorliebe fürs Staunen hatte sich um 50 n. Chr. in der Naturgeschichte des Gaius P. S. Plinius ein gewisses Quantum an Seemannsgarn und Jägerlatein angehäuft. Uralte mündlich überlieferte Erzählungen vom merkwürdigen und unerwarteten Verhalten mancher Tiere wurden vermutlich in Alexandria um das Jahr 200 im *Physiologus* zusammengetragen (Maurer 1967). Er wurde zum Urahn allegorisierender Tierbücher. In seinen didaktisch aufbereiteten Kapiteln mischen sich griechische Erzählungen über teils paradoxe tierische Eigenarten (*physis* = Natur) mit spätjüdisch-christlicher Auslegung (Allegorese) dieser Eigenschaften (*logos* = Wort). Die Absicht war, theologische Aussagen durch Naturparallelen zu erhärten. Etwa so: „Der Physiologus sagt vom Salamander, wenn er in den Feuerofen kommt, verlöscht der ganze Ofen; sogar wenn er in den Heizofen für das Bad kommt, löscht der Heizofen aus. Wenn nun der Feuersalamander das Feuer durch seine natürliche Anlage löscht, wie können jetzt noch Leute bezweifeln, dass die drei Jünglinge im Feuerofen (Daniel 3) keinen Schaden erlitten, sondern im Gegenteil den Ofen abkühlten?" Das Motto „bei Gott ist kein Ding unmöglich" (Lk 1, 37) erstickte damals allfällige Zweifel; zuweilen wirkt es heute noch ebenso.

In der Zeit nach Aristoteles bis zu Albert dem Großen hat sich das Wissen von der Natur und den Lebewesen deutlich vermehrt und verbessert. Dennoch blieb der *Physiologus* eine wichtige Quelle für die alten Exempla oder Predigtmärlein. Diese Predigtbücher, seit dem 13. Jahrhundert vornehmlich von Dominikanern verfasst, waren ein Hilfsmittel der Christenlehre und Seelsorge, eine *dulcis mixtura*, süße Mischung aus Wissenschaft und Predigt, aus *historia* und *allegoria*, Naturwissenschaft und Allegorie. Humbert von Romans, fünfter Ordensmeister der Dominikaner von 1254 bis 1263, mahnte die Prediger, sie müssten Wissen haben von der Heiligen Schrift und von der Schöpfung: „Denn Gott hat seine Weisheit über alle seine Werke ausgegossen; weshalb der selige Antonius gesagt hat, die Schöpfung sei ein Buch. Und aus diesem Buch gewinnen die, die darin richtig zu lesen verstehen, vieles, was große Kraft hat zur Erbauung. Das Buch der Natur enthält überraschende und erbauliche Weisheit in Fülle für den kundigen Leser."

Manche dieser erbaulichen Weisheiten wurden mit fortschreitenden Kenntnissen der Natur korrigiert. So hatte Vergil die Bienen als vollkommenes Vorbild für den unvollkommenen Menschenstaat genommen. Lucius Annaeus Seneca (4 v. Chr. bis 65 n. Chr.) sah im Bienenstaat eine Rechtfertigung der Monarchie, wies aber seinen Schüler Nero darauf hin, dass der Bienenmonarch stachellos sei –

also wolle die Natur nicht, dass der König heftig sei und Rache heische. Dann entdeckte man (1609), dass der Bienenmonarch ein Weibchen und der ganze Bienenstaat ein Frauenstaat ist, und alsbald verschwand er aus der Liste der Vorbilder für den Menschen. Franz von Sales (1567–1622), Bischof von Genf und berühmter Prediger, untermauerte seine Ermahnungen zur ehelichen Treue mit dem Verhalten des Elefanten, wie im *Physiologus* geschildert: „Er wechselt nie das Weibchen und liebt zärtlich dasjenige, das er gewählt hat, mit dem er sich jedoch nur einmal alle drei Jahre paart, und das nur fünf Tage und so versteckt, dass er bei diesem Akt nie gesehen wird; wohl aber lässt er sich am sechsten Tag sehen, an dem er zum Fluss geht, in dem er seinen ganzen Körper wäscht, ohne zur Herde zurückzukehren, bevor er sich nicht gereinigt hat" – völlig unzutreffend, aber gedacht als ein Vorbild für die guten Sitten, deren sich der Mensch im Umgang mit seiner Gattin befleißigen soll.

Der *Physiologus* wurde in fast so viele Sprachen übersetzt wie die Bibel. In nachfolgenden Schriften, den Bestiarien, fiel die theologische Aussage fort und übrig blieb, was der *Physiologus* gerade nicht sein wollte, eine teils recht exotische Zoologie, aus der man als biologische Fakten herauslas, was man zuvor als menschliche Deutung hineingesteckt hatte. Noch in den Vorlesungen über Physische Geographie, die Immanuel Kant viele Male bis ins Sommersemester 1796 in Königsberg hielt, kommen etliche Fähigkeiten von Tieren und Fabeltieren aus den Bestiarien vor. Kant zitiert die im Wortsinn fabelhafte Unverbrennlichkeit des Feuersalamanders. Er meinte auch, „die mehrsten Vögel verbergen sich des Winters in die Erde. Die Schwalben verstecken sich in das Wasser".

Die Tendenz, biologische Vorgänge verkürzt darzustellen und sie dann theologisch-pädagogisch auszuwerten, hat den *Physiologus* bis in die neueste Zeit überlebt. Es gibt ja wohl keine noch so abstruse Idee, die sich nicht durch ein Natur-Beispiel illustrieren ließe. So lassen sich unter den vielen vorhandenen, auch gegensätzlich lautenden Natur-Beispielen jeweils passende Bilder für theologische Aussagen aussuchen. Ein jüngeres Predigtmärlein stammt von Probst Otto Spülbeck, später Bischof von Meißen. Bemüht, „die Brücke von der Naturwissenschaft zur Religion hin zu schlagen", versucht er in seinen gesammelten Vorträgen 1948 den Nachweis, dass eine finale Kausalität der mechanischen biologischen Kausalität übergeordnet ist. Er wählte dazu den Erbsenkäfer (*Bruchus pisorum*). Dessen Weibchen legt Eier an eine junge Erbsenschote, die schlüpfende Larve bohrt sich in eine heranwachsende Erbse und ernährt sich drinnen vom Fruchtgewebe, bis sie reif zur Verpuppung ist. Inzwischen ist auch die Erbse gereift und hat jetzt eine feste Außenhaut. Die Larve besitzt beißende Mundwerkzeuge, die des erwachsenen Käfers aber taugen nur zum Naschen an Pollen und Nektar. Als könnte die Larve das vorhersehen, nagt sie, ehe sie sich verpuppt, in die Erbsenschale eine kreisförmige Furche. Deren Zentrum kann dann der aus der Puppe geschlüpfte Käfer als Klappdeckel von innen mit dem Kopf hinausstoßen. Spülbeck betont (1948, S. 64, 66): die Larve „macht dies alles zum ersten Male. Sie weiß nichts von der Art der Erbse, wie sie wächst, wie sie hart wird". Wenn einmal eine Larve nicht vorgesorgt und die Tür zur Freiheit angelegt hätte, „dann wäre sie ja elendiglich zugrunde gegangen. Es hätte überhaupt keine neuen Erbsenkäfer geben können. Diese Art wäre schon bei der ersten Generation ausgestorben. Wir haben eine Bedeutungsübertragung des Urbildes der Erbse auf das Urbild des Erbsenkäfers vor uns, Bedeutungsverknüpfungen von Lebewesen, die auf einander abgestimmt sind…. Eine solche Übereinstimmung der Baupläne zweier ganz verschiedener Arten, eines Tieres und einer Pflanze, ist nicht mehr mechanisch-kausal zu erklären. Hier liegt mehr vor: Ein ordnender Geist ist unsichtbar wirksam"; wie Aristoteles (*Politika*: 1. Buch, 2. Kapitel) sagt: „Das Ganze war vor den Teilen".

Die biologische Kausalität beim Erbsenkäfer ergibt sich aber durch einen Vergleich der etwa 1000 verschiedenen Samenkäfer der Familie Bruchidae. Sie sind bekannt als Ernteschädlinge, vor allem an Hülsenfrüchtlern. Die Larven mancher Arten verpuppen sich neben ihrem Fress-Samen in der Samenschote oder verlassen sie und verpuppen sich draußen in einem Versteck. Die Larven vom Tamarindenkäfer nagen sich nach außen, lassen sich auf den Boden fallen und verpuppen sich in der Erde. Die beiden letzten Entwicklungsschritte sind beim Erbsenkäfer vertauscht: Die Larve vom Tamarindenkäfer verpuppt sich nach, die des Erbsenkäfers vor dem Verlassen des Samens. Wenn der Erbsenkäfer gerade dabei ist, die Erbse endgültig zu verlassen, kommt ihm sozusagen das Verpuppen dazwischen, und er steigt erst als fertiger Käfer aus der Erbse. Solches Verschieben von Entwicklungsphasen, Heterochronie genannt, ist in der Natur häufig. (Lehrbuchbeispiel ist der Axolotl, ein Molch, dessen Geschlechtsreife ins Larvenstadium vorverlegt ist und der deswegen lebenslang mit äußeren Kiemenbüscheln im Wasser bleibt.)

Es besteht kein Grund, Erbsen und Käfer als aufeinander abgestimmt zu verstehen. Zwischen beiden existiert der normale natürliche Streit zwischen Parasit und Wirt. Pflanzen mit großen, einzeln stehenden Samen sind ein Eldorado für große Käfer. Kleinere Einzelsamen, in denen eine große Larve verhungert, erzwingen ein Kleinerwerden der Käfer. Kleinere Samen verringern aber die Entwicklungschancen des Sämlings. Wenn Pflanzen zum Ausgleich mehr kleine Sämlinge erzeugen und diese in Schoten anordnen, wandern die Käferlarven von einem Samen zum nächsten. Am Ende erzeugen die Pflanzen eine übergroße Menge an Samen, sodass trotz Samenkäfern einige überleben. Diese Evolutionsschritte kann man im Artenvergleich unschwer nachvollziehen. Dahinter mag man sich einen Hülsenfrüchtler-Geist und einen Bruchidenkäfer-Geist im Wettstreit oder im Verhandlungskompromiss vorstellen, oder auf höherer Ebene einen wirksamen Geist, der die Bedeutungsübertragung des Urbildes der Erbse auf das Urbild des Erbsenkäfers bewerkstelligt. Man kann sich beliebig weitere finale Kausalitäten ausdenken. So sollte nach Becher (1917) die „Hypothese eines überindividuellen Seelischen" die angeblich fremddienliche Zweckmäßigkeit der Pflanzengallen erklären. Hierbei handelt es sich um von Insekten verursachte Schutz- und Nährgewebe für ihre Larven, die Pflanze gewinnt aber selbst nichts dabei. Eine belastbare Brücke von der Naturwissenschaft zur Religion ergibt sich in beiden Fällen nicht.

Zur alten belehrenden Literatur gehören auch einige Gleichnisse Jesu, etwa von den Vögeln des Himmels und den Lilien des Feldes (Mt 6, 28) und vor allem seit Äsop (um 600 v. Chr.) die Fabeln. Fabeln sind didaktische Hybriden, erzieherisch gemeinte Naturerzählungen wie der *Physiologus*. Eine Fabel, sagt Ephraim Lessing (1819), ist eine Erdichtung, die entsteht, „wenn wir einen allgemeinen moralischen Satz auf einen besonderen Fall zurückführen, diesem besonderen Fall die Wirklichkeit erteilen und eine Geschichte daraus dichten". Jean de la Fontaine erläutert das 1668 im Vorwort zu seiner Fabelsammlung mit folgendem Beispiel: „Sagt einem Kinde, dass Crassus, als er gegen die Parther zog, in ihr Land eindrang, ohne zu bedenken, wie er wieder herauskomme, und dass er deshalb zugrunde ginge. – Oder sagt dem gleichen Kinde, dass der Fuchs und der Ziegenbock in einen Brunnenschacht stiegen, um ihren Durst zu stillen; dass der Fuchs wieder herauskam, indem er sich der Schultern und Hörner seines Gefährten als Leiter bediente, während der Bock drunten blieb": Welches von beiden Beispielen wird deutlicher den Eindruck hinterlassen, dass man vor einer Unternehmung den möglichen Ausgang bedenken muss?

Fontaine betont zudem: „Fabeln sind nicht nur moralisch; sie vermitteln auch andere Kenntnisse: die Eigenschaften der Tiere und deren verschiedene Charaktere stellen sich dar; folglich auch die unsern; denn wir sind der Inbegriff, die Summe dessen, was es an Gutem und Bösem gibt in den vernunftlosen Geschöpfen". Man mag einwenden, die Kategorien „gut" und „böse" seien nur auf menschliches Verhalten anzuwenden. „Was dem Menschen Kunst, Weisheit und Verstand bedeuten, ersetzt manchen Tieren eine Naturanlage ähnlicher Art", sagt Aristoteles. Das Tier *muss*, der Mensch *kann* richtig handeln. Würde sich menschliches Verhalten nach dem Vorbild nicht-menschlicher Lebewesen richten, ließen sich diese Bezeichnungen auch auf das Vorbild zurückwenden. Das geschah häufig am Rande der Vergleichenden Verhaltensforschung, zum Beispiel mit dem Buch *Das sogenannte Böse* von Konrad Lorenz. Tierische Verhaltensweisen als fair oder unfair, gut oder verwerflich zu kategorisieren, geschieht aus menschlicher Sicht, nicht, um Tieren Moral unterzuschieben, sondern, um die natürlichen Parallelen hervorzuheben.

Literatur

Becher E (1917) Die fremddienliche Zweckmäßigkeit der Pflanzengallen. Veit, Leipzig

Fontaine J (1668) Fables, contes et nouvelles. Plon-Nourrit, Paris

Lessing GE (1819) Fabeln. Vossische Buchhandlung, Berlin

Lorenz K (1963) Das sogenannte Böse. Zur Naturgeschichte der Aggression. Borotha-Schoeler, Wien

Maurer F (Hrsg) (1967) Der altdeutsche Physiologus. Niemeyer, Tübingen

Spülbeck O (1948) Der Christ und das Weltbild der modernen Naturwissenschaft. Morus, Berlin

4
Evolution als Schöpfung

Das Wort „Schöpfung" bezeichnet sowohl einen Vorgang als auch sein Ergebnis. Wenn wir gemeinhin von Schöpfung reden, ordnen wir sie damit einem Schöpfer zu. Christen sehen in Gott den „Schöpfer aller sichtbaren und unsichtbaren Dinge", also sowohl der unbelebten materiellen Schöpfung als auch der belebten Geschöpfe, die auch Kreaturen genannt werden, was ebenfalls auf einen Kreator verweist. Die Tatsache, dass Aussagen der Naturwissenschaftler über die Schöpfung nicht immer verträglich sind mit entsprechenden Aussagen der Theologen, Metaphysiker und Philosophen, kann zu heftigen Auseinandersetzungen führen, wenn es um die Formulierung der Aufgaben oder Pflichten des ethisch handelnden Menschen in der Schöpfung geht. Davon handelt der folgende Text.

Die Dinge der Natur werden in allen Kulturen beschrieben und meist mithilfe von Legenden und personalisierten mythologischen Entstehungsursachen erklärt. Wenn die Wissenschaft versucht, alle Phänomene durch wahrnehmbare oder berechenbare Ursachen zu erklären, beginnen zugleich unausweichliche Kollisionen mit mythologischen Erklärungen. Der Fall Galileo Galilei ist wohl das berühmteste Beispiel eines Zusammenpralls von genauer Beobachtung und Legenden-Logik.

Auch Fragen nach dem Werden komplexer Lebewesen lassen sich nicht mithilfe der Legenden-Logik lösen. Im 4. Jahrhundert v. Chr. glaubte Aristoteles, die Welt habe immer existiert und die Natur schreite Schrittchen für Schrittchen voran, von leblosen Dingen zu lebenden Tieren, von marinen „Zoophyten" zum Menschen, und zwar so, dass es unmöglich sei, genaue Grenzen festzulegen.

Zur Zeit, als die Bibel entstand, glaubte man von der Welt zu wissen, sie sei vom allmächtigen und weisen Gott in höchster Vollkommenheit geschaffen und, so die logische Schlussfolgerung, seither im Grunde unverändert geblieben. Im 17. und 18. Jahrhundert weckten jedoch Entdeckungen einer ausgestorbenen, versteinerten Tierwelt Zweifel an einer dauerhaft unveränderlichen Schöpfung. Gottfried Wilhelm Leibniz postulierte in seinen philosophischen Schriften (1712) eine unbegrenzte Potenzialität der in ihrer Grundstruktur unveränderlichen Natur, die aber ein Voranschreiten der Vervollkommnung erlaube, denn durch infinite Teilbarkeit des Kontinuierlichen seien in der unendlichen Tiefe der Dinge noch schlummernde Teile enthalten. Das stand noch im Einklang mit einer abgestuften, linearen Rangordnung von verschiedenen Formen der unbelebten Materie über Pflanzen und Tiere zum Menschen und weiter zu den Engeln und zu Gott, wie sie Charles Bonnet (1769) als *scala naturae* formulierte.

Zu dieser Zeit lieferte Georges-Louis Leclerc de Buffon (1707–1788), einer der größten Naturkundler des 18. Jahrhunderts, ein exzellentes Beispiel für den Widerspruch zwischen biologischer Wissenschaft und Offenbarung, wie er bis heute im Kreationismus, im Intelligent Design und in der Gedankenwelt von Kardinal Schönborn fortbesteht. Buffon veröffentlichte von 1749 bis 1804 ein 44-bändiges Monumentalwerk über die Natur und stellte darin 1766 fest, dass der Esel zur Familie der Pferde gehört und vom Pferd nur deswegen verschieden ist, weil er die ursprüngliche Form verändert hat. Ebenso gehört der Affe zur Familie der Menschen. Er folgerte, „dass Mensch und Affe einen gemeinsamen Ursprung haben und dass tatsächlich alle Familien, der Pflanzen ebenso wie der Tiere, von einem einzigen Anfang herkommen.... Wir sollten nicht fehlgehen in der Annahme, dass die Natur bei genügender Zeit fähig war, von einem einzigen Lebewesen alle anderen organisierten Wesen abzuleiten. Aber das ist keinesfalls eine korrekte Darstellung. Uns wird durch die Autorität der Offenbarung versichert, dass alle Organismen gleichermaßen an der Gnade der unmittelbaren Schöpfung teilhatten und dass das erste Paar jeder Art vollausgebildet aus den Händen des Schöpfers hervorging.... Auch aus philosophischen Gründen kann man kaum Zweifel bezüglich dieses Punktes haben" (deutsch nach Mayr 1984, S. 265).

Deshalb verzeitlichte Buffon die Stufenleiter des Lebendigen doch nicht, war aber davon überzeugt, dass aus spontanen chemischen Verbindungen ununterbrochen organische Moleküle hervorgehen, sich zu lebender Materie und zu Prototypen der Arten verbinden. Erst der französische Naturforscher Jean-Baptiste de Lamarck (1809) deutete die statische *scala naturae* als eine zeitliche Aufeinanderfolge von den niedersten Lebewesen zu immer höheren Formen bis zum Menschen. Aussterben gab es in diesem Schema nicht.

Gerade so wie die allmähliche Veränderung der befruchteten Eizelle zum fertigen Lebewesen, die Charles Bonnet als Evolution bezeichnete, sah Lamarck 1809 eine zeitliche Veränderung von den einfachsten zu immer komplexeren Lebewesen als Evolution. Zur Frage, wie das vor sich geht, stellte er sich viele parallel verlaufende, gleichmäßig geradlinige Höherentwicklungen vor: Jede beginnt aus ständig wiederholter Urzeugung und führt – grob skizziert – gerichtet über die nacheinander folgenden Stadien von Schwämmen, Würmern, Insekten, Weichtieren, niederen und höheren Wirbeltieren schließlich zum Menschen. Die älteste Linie sei schon beim Menschen angekommen; die später begonnenen hätten bisher erst entsprechende Zwischenstufen erreicht. Aufwärts gelesen ergaben diese derzeit erreichten Stufen den zoologischen Teil der *scala naturae*.

Darwin machte dann aus den vielen Urzeugungs-Ursprüngen einen einheitlichen Ursprung für alle Lebewesen. Fünf Jahre nach dem ersten Erscheinen von Darwins Buch *Über die Entstehung der Arten durch natürliche Zuchtwahl* (1859) und noch vor Erscheinen dessen vierter Auflage versuchte Herbert Spencer (1862) noch einmal, die Entstehung der gesamten Welt als eine durchgehende Evolution verständlich zu machen, von der Entwicklung des Universums über die biologische Evolution, die Embryonalentwicklung des Individuums bis hin zu Wandlungen gesellschaftlicher Phänomene wie Kunst, Technik und Sprache. Auch Martin Rhonheimer (2007, S. 66) behauptet, dass „heute vom Faktum der Evolution des Lebens und sogar des Kosmos ausgegangen werden muss". Aber in einer solchen *scala naturae* sind (wie in der ursprünglichen von Charles Bonnet) zwei ganz verschiedene Vorgänge vermischt, nämlich Entwicklung und Evolution, die man unterscheiden muss. Der Kosmos und der Embryo durchlaufen eine *Entwicklung*, bei der sich jeweils ein und dasselbe Gebilde nach zu Beginn gesetzten Regeln lediglich verändert. Hingegen entstehen durch *Evolution* an Lebewesen und an kulturellen (technischen) Objekten ständig variierende, neue Gebilde und Eigenschaften, die einer Tauglichkeitsprüfung unterliegen, gemäß erwiesener Tauglichkeit differenziell vermehrt werden und ihre Eigenschaften an Nachkommen vererben. Diese eigentliche Evolution spielt sich nur an und mit Lebewesen ab. Sie ist, theologisch gesehen, der Mechanismus, der *modus creandi*, der belebten Schöpfung.

Der Jesuit Christian Kummer deutet 2006 zwar aus „schöpfungstheologischer Perspektive" das göttliche Schaffen als evolutiven Vorgang, beruft sich damit jedoch auf Marie-Joseph Pierre Teilhard de Chardin (1959). Dieser – ein Landsmann von Lamarck – postulierte wieder, wie Spencer, einen orthogenetischen physikalisch-biologisch-spirituellen Entstehungsprozess aus der unbelebten Materie über eine kontinuierliche Stufenreihe von den einfachsten zu kompliziertesten Lebewesen bis hin zum Göttlichen. Er glaubte sogar an ein Gesetz des Zusammenhangs von Komplexität und Bewusstsein. Wäre Liebe, so meint Teilhard zum Beispiel, nicht in einer ganz ursprünglichen Form schon in Atomen und Molekülen enthalten, könnte sie nicht auf der Evolutionsstufe des Menschen in Erscheinung treten. Ähnlich argumentierte Edgar Dacqué (1940), Paläontologe und Konservator der Münchener Staatssammlung. Er meinte, die Urform irgendeines Organismenstammes sei schon im primitivsten Anfangsglied der Reihe so voll gegenwärtig wie im letzten, und so sei auch das organismische Reich von Anfang an (also ab Bakterium) Träger der Urform Mensch.

Das naturphilosophische Potenzialitätsargument folgert in linearer Rückwärts-Chronologie, was heute existiert, muss vorher möglich gewesen sein. Karl Rahner (1961, S. 89) erklärt zur Potenzialität: Man „muss den Anfang so aussagen, dass verständlich wird, was nach ihm von ihm herkommt, soll er wirklich der Anfang sein". So ist „alle spätere Wirklichkeit, die nach dem Anfang aus ihm kommt, auch eine Enthüllung der verborgenen Fülle dieses Anfangs. Je höher die ‚Entwicklung' steigt, umso mehr wird deutlich, welche echten, wirklichen Möglichkeiten in diesem Anfang beschlossen waren". Für die Realisierung von Potenzialitäten braucht es aber viele historisch günstige Umstände, die eintreten können oder auch nicht. Rechnen muss man demnach mit Potenzialitäten, denen die günstigen Realisierungsumstände bislang fehlten. Das Potenzialitätsargument ist deshalb beliebig einsetzbar, es deckt Denk- und Undenkbares ab, ob bereits realisiert oder (noch) nicht. Ein Dinosaurier als Potenzialist wäre nicht falsch gelegen, hätte er damals Giraffen, HI-Viren und Eskimos für möglich gehalten.

Teilhard lieferte eine Neuauflage der *scala naturae* aus der Wissenschaft des 17. Jahrhunderts, aus heutiger Sicht ein Beispiel für schlechte poetische Naturwissenschaft oder euphorisch romantische Philosophie. Viele Theologen schätzen Teilhard. Papst Benedikt XVI. (2010, S. 197) deutet die Auferstehung so: Gott „konnte über die Biosphäre und die Noosphäre hinaus, wie Teilhard de Chardin sagt, eben noch eine neue Sphäre setzen".

Das katholische kirchliche Lehramt hat inzwischen Darwins Darstellung der Evolution als Theorie anerkannt – als Theorie wohlgemerkt. So ließ das Lehramt einst auch Galileis heliozentrisches Weltbild nur als Theorie gelten, nicht aber als Beschreibung der wirklichen Situation am Himmel, obwohl man sich von der ohne Weiteres mit eigenen Augen überzeugen konnte. In einem Seminar über Schöpfung und Evolution beharrte Papst Benedikt XVI. 2006: „Die Evolutionstheorie ist übrigens im Labor nicht nachstellbar und deswegen letztlich nach heutigen wissenschaftlichen Kriterien nicht beweisbar. Wir können keine 10 000 Generationen ins Labor holen". Doch was sich als genetische Evolution in 10 000 Generationen abspielen kann, lässt sich sehr wohl im Labor verfolgen, etwa innerhalb von sechs Monaten an Bakterien, die sich alle 20 min teilen, oder in fünf Jahren an Pantoffeltierchen, die sich alle vier Stunden teilen. Papst Benedikt kam es wohl auf die Geschichte der Menschheit an, und geschichtliches Geschehen, wie zum Beispiel das Leben Jesu, sind tatsächlich nicht beweiskräftig wiederholbar, im Labor schon gar nicht.

4.1 Kennzeichen der Evolution

Als Evolution beschreiben wir Veränderungen, die nicht am einzelnen Lebewesen während seiner Lebensdauer geschehen, sondern erst in Abstammungsreihen sichtbar werden, und zwar an den Merkmalen (Eigenschaften) einer Population von Lebewesen. Codiert sind übertragbare Informationseinheiten im Reich der Lebewesen auf zweierlei Weise, nämlich in organischen Molekülen und in Neuronenverschaltungen. Danach unterscheiden wir organische Evolution und kulturelle Evolution, und entsprechend organisches (genetisches) und kulturelles Erbe. Evolution bezeichnet einen Fluss von Information, nicht von Substanz oder Energie. Er spielt sich ab an verschlüsselter Information, die vom Lebewesen vervielfältigt und an andere Lebewesen weitergegeben wird, also die Lebensspanne jedes einzelnen Individuums überdauert.

4.2 Organische Evolution

Grundlage für vererbbare organische Merkmale sind Gene, organische Desoxyribonucleinsäure-Moleküle (DNS bzw. DNA für engl. *deoxyribonucleic acid*). Sie können sich, sofern genügend Bausteine zur Verfügung stehen, selbst replizieren, das heißt, durch Autokatalyse Matrizenkopien von sich erzeugen. Gene steuern als Programme den Aufbau von Aminosäuren und deren Verkettung zu vielerlei Proteinen; sie steuern den Aufbau von Zellen, die Stoffwechselvorgänge in den Zellen, des Weiteren Wachstum und Teilung der Zellen, die Differenzierung von Zellen beim Aufbau des ganzen Körpers, seiner anatomischen Merkmale und seiner lebenswichtigsten Verhaltensweisen. Die in Genen codierte Information entspricht einem Rezept, das mithilfe ausgewählter Zutaten und Prozeduren in ein entsprechendes biologisches Produkt umgesetzt wird. Ebenso entsteht zum Beispiel aus einem überlieferten Backrezept ein fertiger Kuchen, von dem aber die Rezeptur nicht mehr abzulesen ist.

Wer den Aufbau eines Gens kennt, kann ihn auf Papier notieren oder per Telefon einem Kollegen mitteilen. Die Information wechselt dabei, eventuell mehrfach, das Substrat. Der Kollege könnte sich die nötigen Rohmaterialien besorgen und sie nach dem übermittelten Bauplan zusammenfügen und erhält dann ein Gen, das, in den entsprechenden Körper eingebracht, wieder wie sein Vorbild funktioniert. Douglas Hofstadter nennt das „Telekloning".

An die Nachkommen weitergegeben werden nicht die elterlichen Gene selbst, sondern Kopien, gefertigt nach der elterlichen Vorlage. Bei wiederholtem Vervielfältigen von Informationseinheiten treten unvermeidlich Kopierfehler auf. Solche Abweichungen von der Vorlage, die auch durch Umgruppierungen der Einheiten oder durch äußere Störeinflüsse entstehen können, sind Varianten, sogenannte Mutationen.

Varianten des gleichen Gens heißen Allele. Sie codieren für verschiedene Ausprägungen desselben Merkmals, zum Beispiel die Augenfarbe. Von jedem Elternteil bekommt jedes zweigeschlechtlich gezeugte Individuum vom selben Gen je ein Allel, entweder dasselbe oder verschiedene. Dominanzverhältnisse entscheiden, welches Allel sich im Merkmal ausprägt. In der Augenfarbe ist Braun dominant über Blau, doch wird auch das nicht-ausgeprägte Allel an die Nachkommen weitervererbt. Erst wenn es in einem Nachkommen mit einem zweiten Blau-Allel zusammentrifft, entstehen wieder „reinerbig" blaue Augen.

Die genetische Identität eines Individuums, sein Genom, setzt sich zusammen aus den unterschiedlichen Allelen der Gene. Viele Gene existieren in mehr als zwei Allelen. Die Gene für das Immunsystem zum Beispiel haben die höchste Anzahl von Allelen. Sie sind verantwortlich für das Erkennen von fremden Organismen, vor allem Krankheitskeimen. Bildlich entsprechen sie einem Handwerkskasten mit diversen Werkzeugen, von denen es mehr gibt, als in einem Genom Platz finden. Von beiden Eltern dieselben

Werkzeug-Allele zu erben, ergibt ein funktionell ärmeres Immunsystem als eines aus unterschiedlichen Allelen. Vorteilhaft ist es also, möglichst verschiedene Immunwerkzeuge zu erben. Da sich die Immun-Allele im Körpergeruch ausprägen, spielt der Körpergeruch (auch beim Menschen) eine wichtige Rolle bei der Wahl eines ergänzenden Sexualpartners und hilft, den Nachwuchs mit einem möglichst reichhaltig bestückten Immun-Werkzeugkasten auszustatten – ein Beispiel für die Auswirkungen der Gene für das Individuum und ihre Rolle in der sexuellen Selektion.

Das Immunsystem unterscheidet körpereigene von körperfremden Zellen und Geweben. Das ist nützlich für die Abwehr von Parasiten, erweist sich aber heutzutage als hinderlich für Organ-Transplantationen. Um das Abstoßen von transplantiertem Fremdgewebe zu vermeiden, muss das Immunsystem künstlich „blind" gemacht werden, erkennt dann aber auch gefährliche Krankheitskeime nicht mehr.

4.3 Stammbaum-Rekonstruktion

Die moderne Evolutionstheorie beschreibt den Weg und erklärt die Art und Weise, wie aus einzelligen Urlebewesen die unüberschaubar vielen heutigen Arten einschließlich des Menschen entstanden. Durch Vergleichen heutiger Arten miteinander findet man schon bei oberflächlicher Betrachtung abgestufte Ähnlichkeiten und Unterschiede. Moderne Methoden erlauben das Analysieren und Vergleichen des genetischen Erbgutes der Arten. Dabei zeigt sich zweierlei. Erstens ist der einfache, aber in sich unwahrscheinliche genetische Code bei allen Arten von Lebewesen gleich. Der genetische Code ist universell: Die Information für die Bildung eines bestimmten Eiweißmoleküls ist bei allen Lebewesen auf dieselbe Art und Weise in der DNS verschlüsselt, was beweist, dass sie alle aus ein und demselben Ur-Organismus hervorgegangen sind. Zweitens sind viele Gene in verschiedensten Organismen dieselben geblieben. Bis zu 20 % der Gene der Bäckerhefe (*Saccharomyces cerevisiae*) sind mit den menschlichen Genen aufs Nächste verwandt, obwohl uns 800 Mio. Jahre von der Hefe trennen. Freilich können solche strukturgleichen Gene in der Umgebung von anderen Genen unterschiedliche Effekte erzeugen. Ein Gen, das in der Hefe ganz zentrale Stoffwechselvorgänge steuert, ist beim Menschen an der Entstehung von Dickdarm- und Bauchspeicheldrüsenkrebs beteiligt, wenn nicht gar dafür verantwortlich. Ein Defekt an diesem Gen führt bei der Hefe zu Wachstumsstörungen, beim Menschen zu den genannten Krebsformen. Doch kann ein defektes Gen in der Hefe durch Verabreichung des entsprechenden menschlichen Gens korrigiert werden (Schaffner 1996). Es ist deswegen irreführend, von menschlichen Genen (oder Affengenen, Mäusegenen) zu sprechen. Das kann man schon aus einem Vergleich des Körperbaues der Arten ersehen: Wenn Gene das Programm für den Bauplan des Körpers enthalten, dann müssen Tiere mit gleichem Bauplan auch die gleichen dafür verantwortlichen Gene in sich tragen.

Dementsprechend sind über 95 % des Erbmaterials des Schimpansen identisch mit dem des Menschen. Daraus ersieht man die sehr nahe stammesgeschichtliche Verwandtschaft der beiden Arten. Auf dieselbe Weise zeigen größere bis kleinere Überlappungen im Erbgut und dementsprechend größere bis kleinere Übereinstimmungen in morphologischen Merkmalen die nähere oder fernere Abstammungsverwandtschaft zwischen beliebigen Arten an.

4.3.1 Übliche Darstellung

Stammbäume sind an einem natürlichen Baum orientierte Darstellungen der Abstammungsverwandtschaft von Personen, Familien oder Tierarten. Von einer Ahnenform unten ausgehend verzweigen sich die aufeinanderfolgenden Generationen entsprechend ihrer Verwandtschaftsbeziehungen immer weiter nach oben. Ein phylogenetischer Stammbaum zeigt, zu welchem relativen Zeitpunkt sich die verschiedenen Gruppe trennten; er kann im Abzweigwinkel auch anzeigen, wie unterschiedlich sich die Gruppen entwickelten, seit sie von einem gemeinsamen Vorfahren abzweigten. Der Stammbaum der Lebewesen führt deutlich vor Augen, dass in der Evolution Diversifikation, das Entstehen von immer neuen Arten, wichtiger ist als eine Höherentwicklung. Nur in höchst anthropozentrisch gefärbter Sicht erscheint der Mensch als Zielgestalt der Evolution „an der gleichsam punktförmigen Spitze der Evolutionspyramide" (Haas 1959, S. 432). Die Annahme, der Mensch bilde zugleich den Endpunkt der Evolution, lässt sich aber nur unter der Voraussetzung vertreten, dass er jetzt sofort sämtliches Leben zumindest auf dieser Erde vernichtete (wozu er nicht in der Lage ist).

Der vergleichende Augenschein liefert uns einen Stammbaum der Organismen unter der Annahme, dass ein Merkmal umso älter ist, je größer die Zahl der Arten ist, die es aufweisen. Wirbeltieren oder Vertebraten (Fischen, Amphibien, Reptilien, Vögeln und Säugetieren) gemeinsam sind Ober- und Unterkiefer, paarige Nasenöffnungen, vier paarig angeordnete Extremitäten und zwölf Hirnnerven. Aus dieser Übergruppe der Wirbeltiere zweigen die Fische ab, deren paarige Extremitäten (Brust- und Bauchflossen) flächig, bei allen anderen Wirbeltieren aber als Arme und Beine mit eigenem Skelett geformt sind. Weitere gemeinsame Merkmale dieser anderen Wirbeltiere sind paarige Lungen und eine Halswirbelsäule, die den Kopf vom Schultergürtel absetzt. Aus dieser Wirbeltiergruppe zweigen die Urodelen oder Schwanzlurche (Salamander, Molche) ab, denen ein Trommelfell im Ohr fehlt, das Frösche, Reptilien, Vögel und Säugetiere besitzen. Als Nächstes zweigen die weichhäutigen Anuren oder Froschlurche (Frösche, Kröten) ab von der restlichen Gruppe aus Reptilien, Vögeln und Säugern, die eine hornige Oberhaut, krallenbewehrte Zehen und einen von Rippen umschlossenen Brustkorb aufweisen. Spezialmerkmale der Vögel sind Federn und besondere Laufknochen (Tibiotarsen) in den Beinen, Spezialmerkmale der Säugetiere sind ein differenziertes Gebiss, Ohrmuscheln und das umgebildete Kiefergelenk (die früheren Gelenkknochen sind zu Gehörknöchelchen umfunktioniert). Dass in tieferen Schichten liegende Fossilien älter sind als die in darüber liegenden Schichten, bestätigt die Stammesgeschichte, der zufolge Fische die ältesten, die warmblütigen Vögel und Säuger die jüngsten Wirbeltiere sind. Analysen der Gemeinsamkeiten und Unterschiede im genetischen Erbgut ergeben ein noch differenzierteres Bild von der Evolution, nicht nur der Vertebraten, sondern aller Organismen.

Mit dem unwiderleglichen Zeugnis datierbarer Fossilien und durch vergleichende Analysen des genetischen Erbgutes haben Naturwissenschaftler die Stammesgeschichte der heute lebenden Organismen rekonstruiert. Die einheitliche Struktur ihres genetischen Erbgutes beweist den allen gemeinsamen Ursprung aus anfänglich sehr einfachen Organismen, mithin die Kontinuität des Lebens.

Das Verfahren der Zurück-Triangulation (besitzen zwei Schwestern-Arten das Merkmal A, dann war es auch bei der gemeinsamen Mutter-Art vorhanden) liefert auch Aufschluss über den Ursprung mentaler Fähigkeiten. Dazu werden auf dem bekannten Abstammungsbaum einer Gruppe von Lebewesen – etwa der heutigen Hominiden – diejenigen Arten markiert, die eine bestimmte Fähigkeit aufweisen, zum Beispiel, ob sie, um auf etwas aufmerksam zu werden, die Blickrichtung eines anderen Individuums übernehmen können (*gaze following*). Tatsächlich können das alle fünf rezenten Hominiden-Arten (Mensch, Bonobo, Schimpanse, Gorilla, Orang-Utan). Das lässt darauf schließen, dass diese Fähigkeit schon beim letzten gemeinsamen Vorfahren der Hominiden vor etwa 36 Mio. Jahren vorhanden war (Bräuer et al. 2005).

Auch Haushunde und Kolkraben können der Blickrichtung eines anderen Individuums folgen, nicht aber die anderen Raubtier- und Vogelarten. Nur wenn alle Arten einer Verwandtschaftsgruppe das betreffende Merkmal aufweisen, darf man einen Rückschluss auf den letzten gemeinsamen Vorfahren ziehen. Bei Hund und Rabe muss diese Fähigkeit unabhängig voneinander und von den Hominiden aufgetreten sein.

4.3.2 Vernetzter Stammbaum

In einem phylogenetischen Stammbaum werden üblicherweise einfache (dichotome) Verzweigungen angenommen, die sich nach oben so auffächern, wie Arten sich voneinander trennen. In vielen Fällen entsteht aber eine neue Art durch Hybridisierung aus zwei Elternarten, die selbst weiterhin bestehen bleiben. Man schätzt, dass über die Hälfte aller Pflanzenarten durch Hybridisierung entstanden sind (Stebbins 1980). So beruht die Fülle der Orchideen zum großen Teil auf Bastardierung, sogar zwischen Gattungen. Da Pflanzen sich vegetativ vermehren können, spielt bei ihnen – im Gegensatz zu Tieren – Hybriden-Sterilität eine geringe Rolle. Ein Beispiel ist die Pfefferminze (*Mentha piperata*), ein florierender, aber steriler Bastard aus *Mentha aquatica* und *Mentha spicata* (Letztere ist selbst ein Bastard aus *Mentha suaveolus* und *M. longifolia*). Die Rosen (Gattung *Rosa*) bilden seit 30 Millionen Jahren einen vernetzten Hybridenkomplex mit ständigem genetischem Austausch zwischen Arten und Neuentstehung von Arten.

Natürliche Hybride kommen auch bei Tieren vor, besonders häufig unter Fischen. Der Teichfrosch (*Rana „esculenta"*) ist ein fortpflanzungsfähiger Hybride aus dem Seefrosch (*Rana ridibunda*) und dem Kleinen Wasserfrosch (*Rana lessonae*). Wahrscheinlich handelt es sich auch beim Wisent (*Bison bonasus*) um eine Hybridspezies, entstanden dadurch, dass sich prähistorische Bisonbullen (*Bison bison*) immer wieder mit Auerochsen (*Bos primigenius*) oder verwandten Rindern gepaart haben. Für solche Fälle ist ein vernetzter Stammbaum korrekt, in dem seitliche Abzweigungen aus Elternarten verschmelzen und als neuer Zweig weitergeführt werden (Ritz et al 2005). Beim modernen *Homo sapiens* trifft das sowohl für seinen genetischen Stammbaum zu als auch für einen kulturellen Stammbaum der Sprachen, die ebenfalls hybridisieren.

4.4 Kulturelle Evolution

Höhere Lebewesen besitzen ein zentrales Nervensystem und ein Gehirn als spezielles informationsverarbeitendes Organ. Es sammelt die von den Sinnesorganen kommenden Meldungen über äußere und innere Zustände, kann sie in einem Gedächtnis als Erfahrungen speichern, später wieder aufrufen und damit das genetisch vorprogrammierte Verhalten der Individuen entscheidend beeinflussen. Das Sammeln von Erfahrungen nennen wir Lernen. Wesentlich zu unterscheiden sind zwei Formen des Lernens. Die erste Form ist das Lernen durch Versuch und Irrtum, durch Ausprobieren. So gewonnene Kenntnisse und Erfahrungen nützen dem Körper, in dem sie gespeichert sind, vergehen aber (wie Mutationen in Körperzellen) mit dem Körper am Ende seiner Lebenszeit.

Die zweite Form des Lernens ist soziales Lernen durch Nachahmung dessen, was andere tun. Es begründet Traditionen. Im einfachsten Fall beobachtet ein Individuum, dass andere sich an einer Stelle oder einem Gegenstand zu schaffen machen, und probiert dann selbst, worum es dort geht. So lernten in England, Schweden, Dänemark und Holland Meisen voneinander, dass sich die dünnen Deckel der morgens vor die Haustür gestellten Milchflaschen aufpicken oder aufreißen lassen und die leckere Sahneschicht freilegen (Sherry und Galef 1984; Kothbauer-Hellmann 1990). Effektiver ist direktes Imitieren eines Vorbildes. Es ermöglicht das Übernehmen von Erfahrungen und kann dem Individuum manch mühevolles und zeitraubendes Sammeln eigener Erfahrungen ersparen. Direktes Imitieren ist aber im Tierreich sehr selten; selbst Affen äffen einander nicht nach. (Ansteckung wie beim Gähnen ist kein Imitieren).

Eine entscheidende Rolle als Vorbilder spielen erfahrene Alttiere. Sie können bei Wildschafen in extremen Trocken- oder Winterzeiten ihre Gruppe über selten benutzte Wege zu fernen Wasser- und Weidestellen führen. Werden diese kundigen Alten von Jägern geschossen, kann in der nächsten Trockenzeit die führungsverwaiste Gruppe zugrunde gehen (Geist 1971). Afrikanische Elefanten (*Loxodonta africana*) wachsen normalerweise mit anderen Jugendlichen aller Altersstufen in einer Herde auf, zusammen mit ihren Müttern, Tanten, Großmüttern und einer führenden Matriarchin. Töchter bleiben in der Herde, Söhne wandern mit acht Jahren in der Pubertät ab und schließen sich einer Bullengruppe an. Weiträumige ökologische und soziale Kenntnisse erwerben Jungtiere von den und im Umgang mit den Erwachsenen. Dabei entstehen starke und dauerhafte soziale Bindungen. Werden Jungtiere ohne Erwachsene (zuweilen aus verschiedenen Gegenden) an andere Orte umgesiedelt, entwickeln Bullen abnorme Aggression gegeneinander, töten Nashörner oder versuchen, mit ihnen zu kopulieren, Kühe verhalten sich übertrieben ängstlich gegenüber Menschen und Lärm, lassen ihre Kälber leicht im Stich, fressen unruhig und zu wenig, haben stressbedingte Paarungsschwierigkeiten und spontane Fehlgeburten. Entsprechend verstört wachsen die nächsten Jungen bei unerfahrenen Müttern und ohne Tanten und Großmütter auf. So bilden sich unnormale, sozial verarmte Populationen (Bradshaw und Schore 2007). Bei Sperlingspapageien (*Forpus conspicillatus*) leben Adulte und Jugendliche ständig in einer komplexen Sozietät zusammen. Der Nachwuchs erlebt eine Phase sozialer Interaktionen mit Geschwistern und anderen Gleichaltrigen in einem „Kindergarten", einem Baum, zu dem mehrere benachbarte Brutpaare ihre soeben nestflüggen Jungen führen. Diese erkunden von da aus die nähere Umgebung und üben sich in freundlich-partnerschaftlichen Interaktionen. Eltern halten sich dort nur kurz auf, kommen aber von Zeit zu Zeit und füttern ihre eigenen Jungen. Einzeljunge, die nicht im Kindergarten waren, haben Schwierigkeiten mit sozialer Integration und bauen nie eine stabile Paarbeziehung auf (Wanker et al. 1996).

Menschen tradieren sowohl innerhalb einer Generation als auch zwischen Generationen Ideen und Erfahrungswissen, Benimmregeln, Verfahrenstechniken, Rechtssysteme, Wert- und Glaubensvorstellungen und weitere verhaltensrelevante Faktoren, die wir insgesamt als Kultur bezeichnen. Beispiele für alltägliche kulturell-technische Evolution bieten die „Abstammungslinien" des Sportautos MG (Rowland 1968) und die Evolution des Teddybären (Hinde und Barden 1985).

Ungeprüft übernommene Überlieferungen können zu dauerhaften Irrtümern werden, wenn neue kulturelle Errungenschaften und geistige Erkenntnisse nicht wahrgenommen werden. Das ist eine typische Situation im anhaltenden Widerstreit zwischen Wissens- und Glaubensinhalten. Kulturelle Evolution ist den Geisteswissenschaftlern längst bekannt und gilt als besonders wichtig für den Menschen als Kulturwesen, bleibt aber dennoch in philosophischen und theologischen Abhandlungen zur Evolution weitgehend unbeachtet.

Ausgeprägt ist bei menschlichem Tradieren neben empfängerseitigem Übernehmen auch senderseitiges Belehren mit detaillierter Pädagogik. Aus dem Tierreich sind nur wenige Fälle von aktivem Belehren bekannt, dergestalt, dass etwa eine Schimpansenmutter ihrem Kind einen noch mit Blättern besetzten Zweig, mit dem dieses nach Termiten zu stochern versucht, wegnimmt, die Blätter entfernt und den Zweig dann zurückgibt. Als Vorstufe dazu gilt, dass eine Raubtiermutter eine Beute lebend, aber verletzt zu den Jungen bringt und ihnen damit die Gelegenheit schafft, selbst das Fangen und Töten zu trainieren.

Bei Tieren ist nur objektvermitteltes Tradieren bekannt. Wie ein Objekt oder ein höherrangiger Artgenosse zu behandeln ist oder vor welchem Feind gewarnt wird, kann der Erfahrene einem Unerfahrenen nur vermitteln, wenn sich beide zugleich mit dem Objekt oder Feind konfrontiert finden. Auch der Mensch lernt vieles in der Praxis durch Zuschauen; wichtiger aber ist für ihn symbolvermitteltes Tradieren, ein Darstellen von Objekten und Handlungen mithilfe von Sprache, Zeichnung und Schrift.

Einen Grenzfall bilden die Honigbienen, deren Sammlerinnen einander mitteilen, in welcher Richtung und Entfernung vom Stock eine ergiebige Futterquelle liegt. Sie tun das im Tanz auf der senkrechten Wabe, in welchem ihr Schwänzellauf in Bezug auf die Schwerkraft die einzuschlagende Flugrichtung in Bezug auf die Sonne und die Intensität des Schwänzellaufes die Güte der Futterquelle symbolisieren. Das bleibt aber bei einer Ein-Schritt-Tradition. Jede Empfängerin der Mitteilung fliegt selbst zur Futterquelle hin und prüft sie. Nie beginnt sie, direkt selbst entsprechend zu tanzen und die Meldung (wie ein „Gerücht") unmittelbar weiterzuverbreiten. Das Gleiche gilt für Kundschafterbienen, die eine geeignete neue Behausung für die Kolonie suchen.

4.5 Organische und kulturelle Evolution im Vergleich

Weitergeben der Gene erzeugt organische Evolution, Übernehmen (Tradieren) der kulturellen Programme und Ideen erzeugt kulturelle Evolution. Soziales Lernen schafft kulturelle Evolution bei Menschen und Tieren (hier manchmal vorsichtshalber protokulturell genannt) und zeigt sich in der Ausbreitung von Neuerungen. Genetische Programme wandern nur von jeweils zwei Eltern in ihre gemeinsamen Nachkommen und mischen sich dort in neuer Kombination. Kulturell tradierte Programme wandern von Hirn zu Hirn, von einem Lehrer zu seinen Schülern (oder von einem Vorbild in die Nachahmer), unabhängig vom Alter und Verwandtschaftsgrad beider.

Elterliche Gene werden dem Individuum passiv aufgezwungen und unterliegen einem elterlichen Ausbreitungsdruck. Traditionsinhalte hingegen unterliegen einem von den Empfängern zu erbringenden Ausbreitungssog, müssen aktiv durch soziales Lernen oder Imitieren übernommen werden. (Einen ausgezeichneten detaillierten Überblick kultureller Evolution an Tieren und Menschen bieten Whiten et al. 2012). Wenn Traditionsempfänger traditive Inhalte verschiedener Herkunft wählen und kombinieren können, werden Traditionsinhalte wie genetische Programme vermischt und rekombiniert.

Vereinfacht gesagt: Gene breiten sich durch Zeugung aus, Ideen durch Überzeugung; im ersten Fall entstehen Junge, im zweiten Jünger; neben leiblichen Geschwistern entstehen Brüder und Schwestern im Geiste. Bei Tierarten kommen in verschiedenen Populationen unterschiedliche, einander funktionell vertretende, sozial erlernte Verhaltensweisen vor (tradierte Gesänge bei Vögeln, Ernährungstechniken bei Menschenaffen) und kennzeichnen die kulturelle Ableitung aus je einer gemeinsamen Stammform. Ebenso kennzeichnen übereinstimmende Sprachversionen, Ideen und Gebärden beim Menschen die Zugehörigkeit zu einer eigenen kulturellen Gemeinschaft. Theologen wissen, dass die Jünger Jesus nach Ostern nicht an seinem genetischen Körper erkannten, wohl aber an seinem kulturell-rituellen Handeln und an seinen Worten: die Jünger bei Emmaus (Lk. 24, 16) und am See Tiberias (Joh. 21, 5), und als er übers Wasser ging (Matth. 14, 26), sowie Maria Magdalena (Joh. 20, 14).

Zwischen genetischen und kulturellen Verwandtschaftstypen kann es in einer Genom-Kultur-Koevolution (siehe unten) zu heftigen Konflikten kommen. Auch das ist im Neuen Testament angezeigt: „Wer Vater oder Mutter mehr liebt als mich, der ist meiner nicht wert. Und wer Sohn oder Tochter mehr liebt als mich, der ist meiner nicht wert" (Matth 10, 37; Lk14, 25–26).

4.6 Sprachen-Evolution

Die Sprache diente schon vor Darwin als ein Evolutionsbeispiel. Wie der vergleichende Sprachforscher August Schleicher (1848) erkannte, entstanden die heutigen Unterschiede der kulturell tradierten Sprachen – so wie die erblichen Merkmale der biologischen Arten – durch Abänderungen von Sprachmerkmalen in einer kulturellen Evolution, gemäß den allgemeinen Gesetzmäßigkeiten der Evolution. Er beschrieb die Ableitung komplexer aktueller Sprachen von einfacheren Vorgängersprachen, führte die indoeuropäischen Sprachen auf eine Urform zurück und zeichnete 1853 erstmals ein Stammbaum-Schema dazu, das Charles Darwin später übernahm. Wenn man es so ausdrücken will, war Schleicher Darwinist vor Darwin (Schleicher 1869).

Sprache codiert Information in Worten, und diese Informationseinheiten unterliegen, wie die Gene, Kopierfehlern bei der Vervielfältigung. Ein Wort, das beispielsweise den männlichen Elternteil codiert, tritt in verschiedenen Varianten (kulturellen Allelen) auf: pater, padre, père, father, Vater, Vati, Papa. Heutige vergleichende Sprachforscher wenden moderne biologische Methoden der Kladistik an und haben kürzlich in austronesischen Sprachen Verwandtschaften aufgedeckt, die weit über 10 000 Jahre zurückreichen (Dunn et al 2005).

Die Bibel (Gen 11, 6–7) erklärt die Sprachenvielfalt nicht durch Sprachen-Evolution, sondern als nachträglich über die Menschheit verhängte Strafe.

4.7 Selektion

Genmutationen können in jeder Zelle auftreten. In einer Körperzelle vergehen sie mit dem Tod des Körpers, in einer Keimzelle werden sie gegebenenfalls als Programmvarianten an Individuen der nächsten Generation weitergegeben, vererbt. Die meisten Varianten haben keinen Bestand und verschwinden wieder. Unter den jeweils vorherrschenden Umweltbedingungen und der stets gegebenen Ressourcenbegrenzung gewinnen automatisch die ökonomischeren Varianten die Konkurrenz mit weniger ökonomischen – diejenigen also, die mit geringerem Zeit- und Energieaufwand und unter kleinerem Risiko vervielfältigt werden, mithin die höheren Reproduktionsraten aufweisen. Das nennt man „Auslese des Geeigneteren". Der Auslesewert ist durch die dynamischen Eigenschaften des Vervielfältigten bestimmt, vor allem durch seine Vervielfältigungsrate und -güte und Lebensdauer. Diese dynamischen Eigenschaften lassen sich schon für einfache Molekülsysteme unter definierten Bedingungen messen. Der Messwert definiert die biologische Qualität des Systems, seine „Angepasstheit" an diejenigen Bedingungen, unter denen sie dem System Fortpflanzungsvorteile einbringt (Eigen 1987).

Wenn Gen-Mutationen als Programmänderungen körperliche oder Verhaltensmerkmale verändern und wenn deren Trägerindividuen daraufhin unterschiedliche Überlebens- und Reproduktionsraten haben, dann werden die betreffenden Gene im Populations-Genpool und die von ihnen erzeugten Merkmale in der Population häufiger oder seltener. Genetische Evolution wird von Generation zu Generation äußerlich sichtbar als Veränderung in den

Häufigkeiten bestimmter vererbbarer Merkmale in einer Population von Lebewesen. Wir sprechen von natürlicher Selektion, wenn Umweltfaktoren verantwortlich sind für die differenzielle Vermehrung von einander vertretenden Merkmalen oder Eigenschaften; wir sprechen von sexueller Selektion, wenn Individuen mit bestimmten Merkmalen durch erfolgreiches Konkurrieren unter Geschlechtsgenossen oder durch Vorlieben in der Partnerwahl häufiger zur Fortpflanzung kommen. Selektion ist keine zielorientierte Instanz sondern ein *A-posteriori*-Prozess der Bewährung der Varianten eines Merkmals – zum Beispiel Kurzhaar/Langhaar, dunkle/helle Haut, starkes/schwaches Körperwachstum, Laktosetoleranz/Laktoseintoleranz –, die unterschiedliche Häufigkeitszuwachse zur Folge haben, weil die für die Merkmalsvarianten verantwortlichen Gen- oder Allel-Konstellationen unter dem Zusammenwirken verschiedenster Umweltfaktoren, der sogenannten Selektionsfaktoren, unterschiedlich reproduziert werden. Selektion ist ein Vergleichsmaß in Bezug auf die Vermehrungsrate zweier Formen oder Populationen. Selbst wenn beide an Individuenzahl abnähmen, hätte doch die langsamer abnehmende einen Selektionsvorteil.

Auch die Kriterien, die bei der Partnerwahl zum Tragen kommen, bewähren sich erst *a posteriori* durch die Zahl der damit erzeugten Nachkommen. Diese sind dann Träger sowohl der Wahlkriterien als auch der gewählten Merkmale. Wird ein auffälliges Merkmal am Männchen – egal aus welchem Grund – von Weibchen bevorzugt, dann erben ihre Söhne dieses Merkmal von ihren Vätern und werden deshalb wieder von Weibchen bevorzugt. Dadurch kann sexuelle Selektion zu „Selbstläufer"-Selektion, das betreffende

Merkmal überstark ausgeprägt werden, bis es das Überleben der Männchen ernstlich gefährdet. Die Federschleppe des Pfauenhahnes etwa behindert sein Wegfliegen vor Raubfeinden, erhöht aber seine Paarungschancen bei den Hennen. Selektionsbegünstigte Merkmale bestimmen schließlich das jeweilige Erscheinungsbild einer Art. Entscheidend dafür ist allein ihr Vermehrungsvorteil, unabhängig davon, wie er zustande kommt. Das ist mit Darwins Kampf ums Dasein gemeint; der „Kampf" ist ein Wettbewerb.

Falls Auslesekriterien von Generation zu Generation wechseln, wird keine vererbte Veränderung mehrere Generationen überdauern, mithin keine weitere Evolution entstehen. Erst dann, wenn Generationen hindurch dieselben natürlichen Auslesekriterien wirksam sind, kann das zum Erhaltenbleiben von passenden, das Überleben fördernden Veränderungen führen.

4.8 Normen-Evolution

Produkte kultureller Evolution sind unter anderem die moralischen Normen der Menschen. Der Soziologe Albert Keller (1915) beschrieb, dass die wesentlichen Konzepte in Darwins Theorie – Variation, Selektion, Erblichkeit – genaue Entsprechungen im Reich der geistigen Ideen haben. Denn „Ideen", mental entsprungen, werden als Verhalten realisiert und in Form kultureller Informationselemente (in Sprache, Technik, geistigen Konzepten, Glaubensinhalten, Riten) vervielfältigt und tradiert. Beim Tradieren entstehen Veränderungen, Mutationen, die einer Bewährungsprobe unterliegen. Neben der genetischen Evolution entsteht eine kulturelle oder soziale Evolution (Keller nennt sie „*societal evolution*"). Wie Organe durch natürliche Selektion zu körperlichen Anpassungen geformt werden, so unterliegen Ideen der sozialen Selektion. Diese führt auf zwei Wegen zur Vorherrschaft angepasster, adaptiver Ideen: Ein Weg, die „*automatic selection*", ist eine genaue Analogie zu Darwins Überleben der Tüchtigsten, indem weniger taugliche Ideen mitsamt ihren Anhängern und Exponenten zugrunde gehen. Beispiele dafür liefern Gruppen, die aus religiös untermauerter Überzeugung lieber sterben, statt einer Organtransplantation zuzustimmen oder bei einer Hungersnot ein Nahrungstabu zu brechen. Den zweiten Weg sozialer Selektion nennt Keller „*rational selection*", indem Ideen, Gewohnheiten oder Vorschriften im Licht des vorhandenen Wissens beurteilt und bewertet und dementsprechend unterschiedlich stark verbreitet werden.

Jaques Monod wiederholte (1971, S. 160), ohne Albert Keller zu erwähnen, dass die Symbolsprache des Menschen den Weg eröffnete „zu einer anderen Evolution, die ein neues Reich entstehen ließ: das Reich der Kultur, der Ideen, der Erkenntnis". – „Für einen Biologen ist es verlockend, die Evolution der Ideen mit der Evolution der belebten Natur zu vergleichen". – „Wie diese haben sie schließlich eine Evolution, und in dieser Evolution spielt die Selektion ohne jeden Zweifel eine große Rolle." – „Diese Selektion muß notwendig auf zwei Ebenen vor sich gehen: auf der Ebene des Geistes und auf der Ebene der Wirkung. Der Wirkungsgrad einer Idee hängt von der Verhaltensänderung ab, die sie beim Einzelnen oder bei der Gruppe erzeugt, wenn diese die Idee annehmen". – „Der Verbreitungsgrad der Idee steht in keiner notwendigen Beziehung zu dem Anteil objektiver Wahrheit, den sie enthalten mag". Das Durchsetzungsvermögen einer Idee hängt ab „von den geistigen Strukturen, auf die eine Idee trifft, und damit auch von den Ideen, die diese Kultur zuvor schon gefördert hat" (S. 202).

Die Bedürfnisse des Lebens unter den Naturgesetzen erfordern für jeden Organismus besondere Handlungsregulative, die erprobt werden müssen, sei es in der Stammes- oder der Kulturgeschichte. Und solange die Lebens- und Umweltbedingungen sich langfristig nicht einschneidend ändern, werden auch beim Menschen bewährte Verhaltensrezepte aus früheren Generationen als gültige Normen übernommen.

4.9 Genom-Kultur-Koevolution

Die natürliche Selektion selektiert nicht im Hinblick auf Gesundheit, sondern einzig und allein im Hinblick auf den Fortpflanzungserfolg. Ihm untergeordnet ist das Weiterleben des Individuums. Eine Henne, die vor einem Marder ihre Haut rettet und die Küken aufgibt, lebt wahrscheinlich länger, aber ihr Brutaufgebeprogramm stirbt mit ihr. Eine Henne, die in gleicher Situation ihre Küken gegen einen Marder verteidigt, erleidet vielleicht gesundheitlich Schaden und stirbt früher, ihr Brutpflegeprogramm überlebt aber in die nächste Generation.

In der Gen-Kultur-Koevolution sind genetische und kulturelle Evolution miteinander verzahnt. Ein einfaches Beispiel ist die Zuckerkrankheit *Diabetes mellitus*, eine genetisch bedingte Insulinmangel-Krankheit, die einst in kurzer Zeit zum Tod führte. Seit Insulin biotechnologisch hergestellt wird, lässt sich die Krankheit heilen, und die weiterlebenden Patienten können die Diabetes-Anlage weitervererben. Medizinisch verabreichtes Insulin heilt also die Krankheit und begünstigt zugleich ihre immer weitere Ausbreitung. Das verändert langfristig die genetische Struktur der Bevölkerung und ist bereits, wie Ernst-Ludwig Winnacker anmerkte (Jonas 1987, S. 178), nachhaltige Genmanipulation am Menschen.

Beide, genetische und tradierte Programme, steuern das Verhalten des Individuums zwangsläufig zugunsten je ihrer eigenen Vervielfältigung. Aber die Verbreitung genetischer und kultureller Informationseinheiten geht auf sehr verschiedenen Wegen vor sich. Deshalb sind die Ausbreitungserfolge genetischer und kultureller Programme normalerweise nicht miteinander gekoppelt und müssen getrennt bewertet werden. (Bekanntlich ist die Ausbreitung einer neuen Idee unabhängig von der Anzahl der leiblichen Nachkommen des Erfinders). Eine Ausnahme bildet die Sprache, ein kulturelles Erbe, welches Kinder in einem prägungsähnlichen Vorgang von ihren Eltern übernehmen. Dieses „Muttersprachen-Phänomen" führt dazu, dass der Sprachenstammbaum und der genetische Völkerstammbaum weitgehend deckungsgleich sind (Cavalli-Sforza et al. 1994). Andere tradierte Verhaltensregeln können jedoch von verschiedenen Quellen übernommen werden, unabhängig von Verwandtshaft und Alter. Wie die kulturelle Evolution solchen Verhaltens verläuft, ist nicht am Familienstammbaum abzulesen. Sie kann aber dessen weitere Verzweigung beeinflussen, tradierte Verhaltensprogramme können die Richtung der weiteren genetischen Evolution bestimmen. Aber weder kann kulturell tradierte Information ins genetische Erbgut gelangen noch ist kulturelle Evolution einfach Fortsetzung der genetischen Evolution.

Wohl aber können genetische Programme das individuelle soziale Lernen unterstützen oder hemmen, und umgekehrt können im Individuum wirksame Traditionsinhalte der genetischen Evolution nützen oder schaden, manchmal ihr sogar entgegenwirken. Das bezeugt schon die poetisch eingekleidete tödliche Parole aus den Oden des Horaz 23 v. Chr.: *„Dulc' et decorum'st pro patria mori"*, die Friedrich Klopstock 1760 in seine Ode *Das neue Jahrhundert* übernahm: „süß und ehrenvoll ist es, sterben für's Vaterland". Wie ein tradiertes Programm sogar Vorteile daraus ziehen und sich ausbreiten kann, wenn es sein Trägerindividuum opfert, beschreibt der Kirchenvater Tertullian im 3. Jahrhundert n. Chr.: *„Sanguis martyrum semen est christianorum."* Funktionieren kann das Blut der Märtyrer als Samen für neue Christen freilich nur auf der Basis eines biologisch verankerten Belohnungsprogramms, wobei dem Märtyrer oder dem modernen Selbstmordattentäter, der sein Leben opfert, die Belohnung erst für seine Zeit nach dem Tod versprochen wird, was keine Gegenselektion durch enttäuschte Erwartung zulässt. Es läuft nicht auf das Überleben des Individuums hinaus, sondern auf das Überleben des verhaltenssteuernden Programms. Ansteckend wirken, das heißt, von Hirn zu Hirn übernommen werden, kann ein Märtyrer-Programm, wenn die erwartete Belohnung im Nachleben des Individuums hinreichend viel größer ist als die zu erwartende Belohnung in seinem weiteren biologischen Leben.

Oft geraten Gene aber auch in zunächst weniger dramatischen Situationen ins Schlepptau von Traditionen. Das tritt besonders markant dann in Erscheinung, wenn die Partnerwahl konsistent viele Generationen hindurch von den gleichen Traditionsinhalten geleitet wird. Das geschieht durch tradierte Gesänge bei Singvögeln und durch religiöse Überzeugungen bei Menschen. Unter Singvögeln können tradierte Gesangsunterschiede zu genetischer Artaufspaltung führen, indem Dialektbildungen die Auswahl der Paarungspartner und deren Gene bestimmen (Wickler 1967, 1986). Ebenso gibt es Volksgruppen, in denen generationenlang streng tradierte Glaubensüberzeugungen für die Wahl eines Fortpflanzungspartners entscheidend sind. Bei den Amischen (McKusik 2000), einer christlichen Gemeinschaft täuferischen Ursprungs, und den jüdischen Aschkenasim (Cochran et al. 2000) hat religiös-kulturell tradierte strenge Endogamie zu besorgniserregender Ausbreitung von genetischen Krankheiten (Skelettverformungen, Herzschäden) geführt. Ihre genetische Evolution auf religiös bestimmten Bahnenführt zu Erbeigenschaften, die unter natürlicher Selektion verschwinden müssten. Wenn letztlich kulturelle Maßstäbe über die Vervielfältigung bestimmter Gene entscheiden, wird diese von kulturellen Eigenheiten abhängig. Freilich, tradiertes Glaubensgut kann die Gesamtevolution nur beeinflussen, solange der Genfluss nicht – wie durch Zölibat – blockiert ist. Ein Beispiel dafür bieten die Shaker in USA, eine christliche Glaubensgemeinschaft, die, getreu dem Vorbild Gottes als einem geschlechtsneutralen geistigen Wesen, Männern und Frauen die Fortpflanzung verbietet (Stein 1994). Gegründet 1747 von der Tochter eines Grobschmiedes, gehörte diese Gemeinschaft Mitte des 19. Jahrhunderts zu den wohlhabendsten und wirtschaftlich florierendsten des Landes und hatte über 6000 Mitglieder.

Nachwuchs rekrutierten die Shakergemeinden vornehmlich aus adoptierten Waisenkindern. Mit zunehmender staatlicher Fürsorge für Waisenkinder verlor die Gemeinschaft ihre potenziellen Neuzugänge und zählte Ende 2009 nur noch drei betagte Mitglieder (Lauber 2009). Von außen durch die Waisenkinder zugewanderte Gene stammten selbstverständlich von Eltern, die sich fortgepflanzt haben. Da diese Gene aber in der Gemeinschaft nicht weitergegeben wurden, kann das Aussterben nur auf dem tradierten Programm beruhen.

Wie Robert Foley und Marta Mirazón Lahr (2011) herausgearbeitet haben, entstand die kulturelle Diversität beim Menschen von Anfang an durch die besondere Form des Anwachsens und der Verbreitung von Bevölkerungsgruppen und zog genetische Unterschiede zwischen ihnen nach sich; also hat kulturelle Evolution die biologische eingeengt, sodass es trotz hoher kultureller Diversität nur relativ wenige Hominiden-Arten gegeben hat.

4.10 Zufälligkeiten

Evolution basierend auf Reproduktion und Selektion gilt für genetisch wie für kulturell vererbte Änderungen, unabhängig davon, ob sie natürlich oder künstlich verursacht, zufällig oder gezielt aufgetreten sind. Auch Geistesblitze in der Kultur treten selten gezielt auf. Bewähren unter Auslesebedingungen müssen sie sich aber allemal. Ob ein vererbtes und schließlich selektiertes Merkmal zufällig oder nichtzufällig entstand, ist unerheblich.

Dennoch wird immer wieder der Zufall als Motor von Evolution ins Feld geführt. Unbestritten spielen Zufallsereignisse eine wesentliche Rolle in der biologischen Evolution wie auch bei technischen Entwicklungen und in der persönlichen Lebensgestaltung. Aber der persönliche Lebensweg oder der technische Fortschritt oder die Evolution erfolgen nicht zufällig. Die Begeisterung von Jaques Monod (1971, S. 141), „der reine Zufall, nichts als der Zufall, die absolute, blinde Freiheit als Grundlage des wunderbaren Gebäudes der Evolution", übertreibt: Ständige zufällige, also ungerichtete Veränderung des Erbgutes liefert nur das Material für eine gerichtete Auslese; die Evolution wird gelenkt durch natürliche und sexuelle Selektion, die nicht zufällig in „blinder Freiheit" von Generation zu Generation wechseln dürfen, sondern Generationen hindurch gleichförmig bleiben müssen. Dieses wesentliche Selektionsprinzip übersieht auch Hans Jonas (1987, S. 212, 213) und meint fälschlich: „Der Zufall: das ist der produktive Quell der Artenentwicklung", sofern sie nicht „vom Strome des Zufalls wieder verschlungen würde". Welche Mutationen oder Ideen auftreten, ist unvorhersehbar, insofern also zufällig; aber was in der Evolution mit einer aufgetretenen Mutation geschehen wird, ist voraussagbar, wenn die Auslesebedingungen bekannt oder gar vom Menschen gesetzt sind.

Als Maß für den langfristigen Erfolg vererbter Merkmale oder Eigenschaften in der Evolution verwendet man die Anzahl überlebender Kopien oder Kopienträger, also leibliche Nachkommen oder Anhänger einer Idee. In der technischen Sprache der Evolutionsbiologie heißt das Darwin'sche Fitness (zu unterscheiden von der durch sportliche Aktivität erwerbbaren Fitness, die nicht erblich ist). Allerdings setzt diese Fitness-Messung voraus, dass die untersuchten Lebewesen viele Generationen lang unter gleichen Bedingungen gelebt haben, sodass durch Selektion eine fitnessmaximierende Passung zwischen dem betreffenden Merkmal oder Verhalten und der Umwelt entstehen konnte. Und das Lebewesen muss heute unter eben diesen Umweltbedingungen untersucht werden (was für das Lebewesen Mensch in vielen Fällen nicht zutrifft).

Literatur

Bonnet C (1769) La palingénésis philosophique. Philibert & Chirol, Genua

Bradshaw GA, Schore AN (2007) How elephants are opening doors: developmental neuroethology, attachment and social context. Ethology 113:426–436

Bräuer J, Call J, Tomasello M (2005) All great ape species follow gaze to distant locations and around barriers. J Comp Psychol 119:145–154

Buffon GL (1749–1804) Histoire naturelle, générale et particulière. Imprimerie Royale, Paris

Cavalli-Sforza L, Menozzi P, Piazza A (1994) The history and geography of human genes. Princeton University Press, Princeton

Cochran G, Hardy J, Harpending H (2006) Natural history of ashkenazi intelligence. J Biosoc Sci 38:659–693

Dacqué E (1940) Die Urgestalt. Der Schöpfungsmythos neu erzählt. Insel, Leipzig

Dunn M, Terrill A, Reesink G, Foley RA, Levinson SC (2005) Structural phylogenetics and the reconstruction of ancient language history. Science 309:2072–2075

Eigen M (1987) Stufen zum Leben. Piper, München

Foley R, Mirazón Lahr M (2011) The evolution of the diversity of cultures. Phil Trans R Soc B 366:1080–1089

Geist V (1971) Tradition und Arterhaltung bei Wildschaf und Elch. n + m (Naturwissenschaften und Medizin, Boehringer Mannheim) 8:25–35.

Haas A (1959/1960) Der Mensch, Zielgestalt der Evolution. Stimmen der Zeit 165:424–433

Hinde RA, Barden LA (1985) The evolution of the teddy bear. Anim Behav 33:1371–1373

Jonas H (1987) Technik, Medizin und Ethik. Suhrkamp, Frankfurt

Keller A (1915) Societal evolution: a study of the evolutionary basis of the science of society. Macmillan, New York

Klopstock FG (1798) Oden. Göschen, Leipzig

Kothbauer-Hellmann R (1990) On the origin of a tradition: milk bottle opening by titmice (Aves, Paridae). Zool Anz 225:353–361

Kummer C (2006) Evolution und Schöpfung. Stimmen der Zeit 1:31–42

Lamarck J-B (1809) Philosophie zoologique. Paris (deutsch 1876, Zoologische Philosophie. Dabis, Jena)

Lauber J (8. Dezember 2009) Exploring the modern day shakers. The Independent

Leibniz GM (1712) In: Till D (Hrsg) Monadologie. 1996 Gesammelte Schriften, Bd I, S 439–483. Insel, Frankfurt

Mayr E (1984) Die Entwicklung der biologischen Gedankenwelt. Springer, Berlin

McKusick V (2000) Ellis-van Creveld syndrome and the Amish. Nature Genetics 24:203–204

Monod J (1971) Zufall und Notwendigkeit. Piper, München

Papst Benedikt XVI (2010) Licht der Welt. Herder, Freiburg

Rahner K (1961) Die Hominisation als theologische Frage. In: Overhage P, Rahner K (Hrsg) Das Problem der Hominisation. Herder, Freiburg, S 13–90

Rhonheimer M (2007) Neodarwinistische Evolutionstheorie, Intelligent Design und die Frage nach dem Schöpfer. Imago Hominis 14:47–81

Ritz CM, Schmuths H, Wissemann V (2005) Evolution by reticulation. J Heredity 96:4–14

Rowland R (1968) Evolution of the MG. Nature 217:240–242

Schaffner W (1996) Wie menschenähnlich ist die Hefe? Magazin der Universität Zürich Nr. 1/96

Schleicher A (1848) Zur vergleichenden Sprachengeschichte. König, Bonn

Schleicher A (1853) Die ersten Spaltungen des indogermanischen Urvolkes. Allg Z für Wissensch und Lit 1853:786–787

Schleicher A (1869) Darwinism tested by the science of language. Hotten, London

Sherry DF, Galef BG (1984) Cultural transmission without imitation: milk bottle opening by birds. Anim Behav 32:937–938

Spencer H (1862) First principles of a new system of philosophy. Williams & Norgate, London

Stebbins GL (1980) Evolutionsprozesse. Fischer, Stuttgart

Stein S (1994) The Shaker experience in America. Yale University Press, New Haven,

Teilhard de Chardin M-J P (1959) Der Mensch im Kosmos. Beck, München

Wanker R, Bernate LC, Franck D (1996) Socialization of spectacled parrotlets *Forpus conspicillatus*: the role of parents, crèches and sibling groups in nature. J Orn 137:447–461

Whiten A, Hinde R, Stringer C, Laland K (eds) (2012) Culture evolves. Oxford University Press, New York (2011 Phil Trans R Soc B 366:1567)

Wickler W (1967) Vergleichende Verhaltensforschung und Phylogenetik. In: Heberer G (Hrsg) Die Evolution der Organismen, vol 1. Fischer, Stuttgart, S 420–508

Wickler W (1986) Dialekte im Tierreich. Aschendorff, Münster

5
Frequenzabhängige Selektion

Anpassung an ökologische Faktoren der unbelebten Umwelt bringt jedem Individuum einen bestimmten Vorteil. Ein tropfenförmiger Körper ist für jeden Fisch im Wasser oder Vogel in der Luft gleich günstig bei der Fortbewegung, unabhängig davon, wie viele andere Fische oder Vögel ebenso gestaltet sind. Der Selektionsvorteil ist frequenzunabhängig, unabhängig von der relativen Häufigkeit dieses Körpermerkmals. Bei sozialen Interaktionen hingegen hängt das, was ein Individuum zu seinem Vorteil tun kann, regelmäßig davon ab, was die anderen tun und wie viele das Gleiche tun; der Selektionsvorteil ändert sich mit der relativen Häufigkeit, mit der das Verhaltensmerkmal in der Population vertreten ist. Man nennt das frequenzabhängige Selektion. Sie bestimmt schon ganz basal die Evolution der Lebewesen, die sich zweigeschlechtlich vermehren. Und sie spielt für das Verhalten der Individuen in Sozietäten eine überragende Rolle. Das wird in den folgenden Kapiteln zutage treten.

5.1 Das unökonomische Geschlechterverhältnis

Ungeschlechtliche (vegetative) Vermehrung durch Teilung, Sprossung, Stecklinge oder Ableger kommt bei vielen Organismen vor, bei Bakterien, Einzellern, Pflanzen, vielen einfachen Tieren und auch beim Menschen bei eineiigen Zwillingen. Die genetischen Eigenschaften der Abkömmlinge gleichen weitestgehend denen des Stammindividuums. Neue Gen-Mischungen und neue genetische Eigenschaften entstehen beim Zusammenführen von Zellen unterschiedlicher elterlicher Herkunft. Bei allen höher organisierten Lebewesen sind das die Keimzellen (Gameten), aus denen mit geschlechtlicher (sexueller) Fortpflanzung ein neues Individuum entsteht. Die Bedeutung der sexuellen Fortpflanzung für die Selektionstheorie hat bereits August Weismann (1886) erkannt und die Theorie der Vererbung durch die Keimzellen aufgestellt (Weismann 1892). Eine fortschreitende Anhäufung von Genen in den Nachkommen wird vermieden, indem der Genbestand jeder Zelle bei der Bildung einer Keimzelle halbiert wird (Reifeteilung), sodass nach dem Zusammenschluss zweier „haploider" Keimzellen in der erzeugten Zygote wieder ein normaler „diploider" Satz von Genen besteht.

Warum es zwei, und nur zwei, Geschlechter gibt, wann sie im selben Individuum und wann in zwei getrennten Individuen vorkommen, wie geschlechtsverschiedene Individuen zur Fortpflanzung kooperieren, gegebenenfalls Familien aufbauen, und welche Rollen sie in Sozietäten bei Tieren und Menschen übernehmen, ist andernorts behandelt (Wickler, Seibt 1998).

Unvermeidlich setzen sich in der Generationenfolge diejenigen Eigenschaften durch, die von ihren Trägerindividuen am häufigsten reproduziert werden. Vereinfacht gesagt: Die Selektion begünstigt hohe Anzahlen von Nachkommen. Und zwar von solchen Nachkommen, die ihrerseits wieder Nachkommen erzeugen. Es empfiehlt sich deshalb, nicht die Kinder, sondern die Enkel der Eltern zu zählen. Ob ein neues Individuum den Start ins Leben und den Lebensweg bis zur eigenen Fortpflanzung schafft, hängt von seinen Umweltbedingungen ab: Es gibt kleine Lebensformen, die praktisch in einer Nährsuppe schwimmen, und große, für die Energieaufnahme aus der Umwelt schwierig ist und schon gewisse Spezialisierungen erfordert. Entscheidend ist darum, ob ein neues Individuum hinreichend viel Startkapital (Energievorrat, Baumaterial) mitbekommen hat. Das stammt bei sexueller Fortpflanzung aus den zwei elterlichen Keimzellen. Die wurden ursprünglich von mehreren Erwachsenen gleichzeitig ins freie Wasser entlassen, so wie es bis heute selbst unter Wirbeltieren bei vielen Fischarten geschieht. Das Zusammentreffen der Keimzellen bleibt dann dem Zufall überlassen. In einem Frühstadium der Evolution gab es vermutlich große, mittelgroße und kleine Keimzellen und diese entsprechend in größenabhängigen Häufigkeiten, da bei der Herstellung Größe auf Kosten der Anzahl geht. Zufällig zusammentreffen werden dann selten zwei große, am häufigsten zwei der kleinen, die damit aber nicht die nötige Masse für ein Mindestwachstum der Zygote, also des Keimlings, schaffen. Am vorteilhaftesten für beides, sowohl für die Anzahl erzeugter Keimlinge als auch für ihre Wachstumschancen, erweist sich der Zusammenschluss einer ganz großen und einer kleinen Keimzelle; die

Mittelgröße führt eher zu Kümmerlingen. Erleichtert wird die vorteilhafteste Kombination letztendlich durch Botenstoffe (Gamone), die von den großen Keimzellen, Eizellen genannt, ausgehen und die kleinen, Spermien genannt, anlocken. Bei der Befruchtung vereinigt sich ein Spermium mit einer Eizelle. Die große Eizelle liefert mit ihrem Plasma das Startkapital für das neue Lebewesen. Besonder deutlich wird dies bei Eier legenden Tieren. Ein Hühnerei enthält alles Material für das schließlich schlüpfende Küken. Das Material in Säugetier-Eiern dagegen reicht nur für die ersten Zellteilungen, bis sich der Keim im mütterlichen Nährgewebe festsetzt.

Bei Schwämmen, verschiedensten Würmern, Schnecken, Schlangensternen, Krebsen und einigen Fischen werden Eizellen und Spermien im gleichen Individuum erzeugt. Eine Selbstbefruchtung solcher Zwitter würde jedoch die Neukombination von Genmaterial verhindern. Deshalb müssen sie untereinander Partner suchen und dann jeweils aushandeln, wer Eizellen und wer Spermien abgibt. Mit Spermien, die sich leicht in großer Zahl herstellen lassen, sind hohe Nachkommenzahlen zu erreichen, aber nur, sofern genügend Eizellen erreichbar sind. Dieser Situation entsprechend entstehen immer komplexere Methoden der passenden Zusammenführung von Ei- und Spermienzellen, und schließlich ist es effektiver, dass sich die Individuen auf die eine oder andere Keimzellsorte und deren „Vermarktung" spezialisieren: Es entstehen getrenntgeschlechtliche Individuen, die entweder große Eizellen oder entsprechend größere Mengen kleiner Spermien erzeugen; wir nennen sie Weibchen und Männchen.

5 Frequenzabhängige Selektion

Den größten Vermehrungserfolg könnte eine Population oder Art erzielen, würden in ihr gleich viele Eizellen wie Spermien erzeugt; erforderlich dafür wären viele Weibchen und nur wenige Männchen. Das ist aber unter den naturgegebenen Selektionsbedingungen nicht zu erreichen. Denn Eltern können mit einem Sohn ebensoviele Enkel erzielen wie mit mehreren Töchtern, das Erzeugen von Söhnen ist deshalb selektionsbegünstigt. Würden daraufhin mehr (obwohl funktional überflüssige) Söhne produziert, begünstigte das das Produzieren von Töchtern. Immer haben alle Söhne zusammen dieselbe Anzahl Nachkommen wie alle Töchter zusammen (da jeder Nachkomme einen Vater und eine Mutter hat). Evolutionär im Gleichgewicht ist deshalb der Zustand, in dem keine der beiden Alternativen selektionsbegünstigt ist. Wie Ronald Fisher (1930) zeigte, ist das dann der Fall, wenn Eltern gleich viel für das Erzeugen von männlichen und weiblichen Nachkommen aufwenden, und das entspricht in den meisten Fällen einem Geschlechterverhältnis von 1:1; sobald die Vertreter des einen Geschlechts häufiger werden, begünstigt das die Produktion von Vertretern des selteneren anderen Geschlechts. Es lohnt immer, Nachwuchs von dem Geschlecht zu produzieren, das derzeit Mangelware ist. Ob nun nur Söhne und nur Töcher erzeugende Elternpaare zu gleichen Teilen in einer Population gemischt sind, oder jedes Elternpaar im Schnitt zu gleichen Teilen Söhne und Töchter erzeugt, kommt auf dasselbe heraus.

Da nach wie vor ein Sohn mehr Nachkommen erzeugen kann als eine Tochter, wird infolgedessen unter den Töchtern jede ungefähr gleich viele Kinder haben, egal mit wie vielen Vätern, während unter den Söhnen eine heftige

Konkurrenz entsteht um befruchtbare Eizellen, mithin um Töchter oder um Paarungsgelegenheiten mit ihnen. Unter diesen Bedingungen können Weibchen nach verschiedenen Kriterien unter den konkurrierenden Männchen auswählen. Auf der anderen Seite erfordert das Konkurrieren unter Männchen Waffen zum Kampf gegen Rivalen und Schmuck zum Umwerben der Weibchen. Im Ergebnis erzielen einige Männchen hohe Nachkommenzahlen, andere gehen leer aus.

Bei Arten mit innerer Befruchtung beschränkt sich der Wettbewerb um das Besamen der Eizellen nicht auf das Konkurrieren der Männchen um eine Kopula mit Weibchen, sondern setzt sich fort als Konkurrenz der Spermien verschiedener Männchen im weiblichen Geschlechtstrakt (Eberhard 1985, 1996). Diese Spermienkonkurrenz begünstigt 1) große Spermienmengen pro Ejakulat, mithin große Hoden, 2) Penisanhänge zum Ausräumen der Spermien eines Vorgängers, 3) „Killerspermien", die kein Erbgut tragen, sondern fremde Spermien festhalten, 4) am Weibchen verschiedene Formen von Samentaschen, aus denen entweder die Spermien des erst- oder des letztkopulierenden Männchens bevorzugt abgerufen werden können oder gar aus verschiedenen Taschen die eines Männchens, das nachträglich vom Weibchen ausgewählt wird.

Aus der Größe der Hoden relativ zum Körper des Männchens kann man auf die erforderliche Spermienkonkurrenz, das heißt nicht auf die Häufigkeit der Paarungen, sondern auf die Zahl seiner männlichen Konkurrenten, also auf die sexuelle Sozialstruktur der Art schließen (Short 1979). Das gilt für Affen-, Nagetier- und Vogelarten. Schimpansen haben riesige Hoden und leben mit mehreren Männchen in promisken Gruppen, der Gorilla hat sehr kleine Hoden und ein Paarungsmonopol in seinem Harem. Die Hoden des Menschen sind mittelgroß, deutlich größer als die vom Gorilla; offenbar ist der Mensch körperlich für mäßige Polygamie geschaffen.

5.2 Evolutionäre Gleichgewichte

Ein einmal vorhandenes genetisches Verhaltensprogramm breitet sich unter den obwaltenden Selektionsbedingungen gemäß seiner Reproduktions-Erfolgsquote entweder aus oder nicht, unabhängig von jeder Bewertung durch den Menschen. Unter frequenzabhängiger Selektion ergibt sich naturgemäß das Nebeneinander von sogenannten fairen und unfairen Verhaltensalternativen. Die Programme für unfaires, ethisch verwerfliches Verhalten liegen natürlicherweise auch im Menschen bereit, eingebunden in die Naturgesetze des Verhaltens. Wer sich zur Begründung ethischer Normen auf die Natur beruft, stellt also im strengen Wortsinn das ethisch verwerfliche Verhalten unter Naturschutz. „Empirische Prinzipien taugen überall nicht dazu, um moralische Gesetze darauf zu gründen" (Kant 1785).

Man kann am allgemein vorhandenen Geschlechterverhältnis von 1:1 ablesen, dass die mit der Natur gegebene Selektion nicht das Beste für den Fortpflanzungserfolg der Art erreichen kann. In den Naturgesetzen verankert ist weder das Wohl der Art noch das Gemeinwohl in einer Population, sondern die Chancengleichheit (nicht die Häufigkeitsgleichheit!) der Wettbewerbsteilnehmer. Das spielt im Sozialverhalten der Organismen eine entscheidende Rolle.

Die am Fortpflanzungs- oder Ausbreitungserfolg orientierten evolutionären Gleichgewichte sind eine Folge der frequenzabhängigen Selektion. Bei welchem Mengenverhältnis der Vertreter alternativer Taktiken sich ein Gleichgewicht einstellt, muss man im konkreten Fall mithilfe der Spieltheorie berechnen; nötig sind dafür Maßzahlen für den Vor- oder Nachteil, den das einzelne „Spieler"-Individuum mit seiner Taktik zu erwarten hat, und zwar in Bezug auf die Aussichten, dass seine eigenen Gene, trotz Konkurrenz mit den Genen, der Gegenspieler in der nächsten Generation möglichst zahlreich vertreten sind (Hammerstein, Parker 1987).

Es kann auch sein, dass sich zwischen alternativen Taktiken kein stabiles Gleichgewicht einstellt, sondern dass die Mengenverhältnisse der Taktiken beständig um einen mittleren Wert schwanken. Das ist rechnerisch leichter zu ermitteln, als in der Natur durch entsprechende Langzeitbeobachtungen nachzuweisen.

Literatur

Eberhard WG (1985) Sexual selection and animal genitalia. Harvard University Press, Cambridge

Eberhard WG (1996) Female control: sexual selection by cryptic female choice. Princeton University Press, Princeton

Fisher R (1930) The genetical theory of natural selection. Clarendon, Oxford

Hammerstein P, Parker GA (1987) Sexual selection: games between sexes. In: Bradbury JW, Andersson MB (Hrsg) Sexual selection: testing the alternatives. Wiley, Hoboken, S 119–142

Kant I (1785) Grundlegung zur Metaphysik der Sitten. Harknoch, Riga

Short RH (1979) Sexual selection and its component parts, somatic and genital selection, as illustrated by man and the great apes. Adv Study Behav 9:131–158

Weismann A (1886) Die Bedeutung der sexuellen Fortpflanzung für die Selektiostheorie. Fischer, Jena

Weismann A (1892) Das Keimplasma: Eine Theorie der Vererbung. Fischer, Jena

Wickler W, Seibt U (1998) Männlich weiblich: Ein Naturgesetz und seine Folgen. Spektrum, Heidelberg

6
Evolutionär Neues

Die nach Erdzeitaltern geschichteten Fossilien beweisen, dass im zeitlichen Verlauf der Evolution immer komplexere, höher organisierte Organismen entstanden sind. Neben der Zunahme an Komplexität (in Körperbau, Körperfunktionen und Verhalten) ist freilich auch fast ebenso häufig ein Wiederabnehmen von Komplexität festzustellen. Eine Evolution zu immer komplexerer Organisation der Organismen wird dadurch bedingt, dass die in der Natur von weniger komplexen Organismen bewohnbaren ökologischen Nischenplätze schon besiedelt sind; wenn „unten" schon alles voll ist, kann die Evolution nach „oben" ausweichen. Aber sie verläuft ebensooft in umgekehrter Richtung, wenn sich später wieder neue Nischen für Organismen mit reduzierter Komplexität auftun. Dann werden Beine, Augen, auch Hirne und Verhaltensweisen wieder abgebaut. Schon Darwin betonte, dass auf kleinen Inseln Käfer mit rückgebildeten Flügeln dadurch im Vorteil sind, dass sie ungehindert zur Fortpflanzung kommen, statt vom Sturm aufs Meer geblasen zu werden.

6.1 Neuerungen aus biologischer Sicht

Unbezweifelbar hat die Komplexität der Lebewesen im Laufe der Evolution zugenommen, jedoch nicht zwangsläufig und nicht universell. Die heutigen Bakterien sind nicht komplizierter aufgebaut als ihre Vorfahren vor drei Milliarden Jahren. Wohl aber sind viele ihrer Nachfahren im Laufe der Zeit komplexer geworden. Die Gründe dafür haben John Maynard Smith und Eörs Szathmáry (1996) sehr genau herausgearbeitet. Nach ihrer Ansicht ist die Komplexitätssteigerung Folge mehrerer „Übergänge oder Neuerungen in der Art und Weise, wie die genetische Information von einer Generation an die folgende weitergegeben wird". Einige dieser Übergänge waren einmalig (wie das Hervorgehen der Eukaryoten aus Prokaryoten), andere ereigneten sich unabhängig voneinander mehrmals (wie das Entstehen von Vielzellern oder Tiergesellschaften). Die wichtigsten Übergänge sind dadurch gekennzeichnet, „dass Einheiten, die sich vor einem Übergang selbständig vermehren konnten, danach nur noch als Teil eines größeren Ganzen dazu in der Lage sind". – –„Es gibt keinen Grund, die einmaligen Übergänge für die unvermeidliche Folge eines allgemeingültigen Gesetzes zu halten; vielmehr ist durchaus vorstellbar, dass die Evolution auf dem Stadium der Prokaryoten oder der Protisten stehen geblieben wäre".– „Es gibt auch keine theoretischen Gründe für die Annahme, die Evolution durch natürliche Auslese müsse zu einer Koplexitätssteigerung führen" (Maynard Smith & Szathmáry 1996, S. 1–3).

Die wesentlichste Rolle bei zunehmender Komplexität spielt Informationsübermittlung – zwischen Zellen oder

Individuen oder Individuengruppen, auf genetischer Basis oder durch Tradition.

Neues und Komplexeres entsteht in der Evolution durch Vervielfältigung und Divergenz (Arbeitsteilung, Rollenverteilung), durch Zusammenschluss und Symbiose, durch Epigenetik, Selbstorganisation, Funktionswechsel und Emergenz.

6.1.1 Zusammenschluss verschiedener Organismen

Zwei für die weitere Evolution ganz entscheidende Vereinigungen vollzogen sich vor etwa 1,5 Mrd. Jahren unter den urtümlichsten Lebewesen. Vor 3,5 Mrd. Jahren waren die ersten Bakterien aufgetreten, sogenannte „Prokaryoten", deren einziges ringförmiges Chromosom innen an die Zellwand angeheftet ist, an der außen einfache Moleküle verdaut und durch die Zelloberfläche absorbiert werden. Bakterien tauschen untereinander Genmaterial aus, und dadurch kommt es zu neuen Genkombinationen, von denen manche dem Bakterium einen Vermehrungsvorteil in einer bestimmten Umgebung verschaffen. Auf diese Weise entwickeln Bakterien Resistenzen gegen Antibiotika.

Eine Neuerung zwei Milliarden Jahre später bestand darin, dass „Eukaryoten" entstanden, deren Chromosomen besonders erfolgreiche Gen-„Mannschaften" zusammenfassten und von einer Kernmembran umhüllten. Diese Zellen haben keine feste Zellwand mehr und verdauen ihre Nahrung in einer Nahrungsvakuole innerhalb der Zelle. Dabei geschah es, dass bestimmte, als Nahrung aufgenommene sauerstoffatmende Prokaryoten (Purpurbakterien) dem Verdaut-werden widerstanden, in der Eukaryotenzelle gefangen blieben, dort heimisch wurden und zu Mitochondrien evoluierten. Diese Nachfahren ursprünglich frei lebender Bakterien besorgen jetzt den lebenswichtigen Energiehaushalt in allen pflanzlichen und tierischen (und menschlichen) Körperzellen.

Etwa 500 Mio. Jahre nach den Mitochondrien-Vorfahren gerieten andere Prokaryoten (Cyanobakterien) in die Eukaryotenzelle, wurden ebenfalls eingebürgert, evoluierten zu Chloroplasten und betreiben jetzt in allen Algen- und Pflanzenzellen die Photosynthese.

Während Prokaryotenzellen sich als selbstständige Lebewesen vermehren, sind sie nach dem Zusammenschluss nur im Ganzen als kombinierter Eukaryot überlebens- und vermehrungsfähig.

Funktionell vergleichbar mit den Körperorganen der Vielzeller dienen Mitochondrien und Chloroplasten als Zellorganellen, können jedoch im Unterschied zu Körperorganen nicht von den Körperzellen der Pflanzen und Tiere hergestellt werden; sie sind weitgehend eigenständige Organismen geblieben, mit eigenem Genbestand und eigenständiger unsexueller Vermehrung. Das Zusammenleben von kernhaltigen Eukaryoten-Wirtszellen mit prokaryoten Zellorganellen nennt man Endosymbiose, obwohl es ursprünglich streng genommen keine Symbiose zum gegenseitigen Vorteil war, sondern – wie schon der Erstbeschreiber Constantin Mereschowsky (1905, 1910) erkannte – eher ein Gefangenhalten von Sklaven zum Vorteil der Wirtszellen.

Bewährt und eingespielt in diesem nützlichen Zusammenwirken von Wirtszelle und Sklaven hat sich ein bremsender Einfluss der Zellkern-Gene 1) auf die Vermehrung der Sklaven, der verhindert, dass Organellen die Wirtszelle überschwemmen, sowie 2) auf diverse Mechanismen, die bei sexueller Fortpflanzung die Mitochondrien in einem der beiden Gametentypen ausschalten (Burt, Trivers 2006).

Andererseits weisen Mitochondrien noch ihr urtümliches einfaches Genom auf, das bei der Reproduktion innerhalb der Wirtszellen erheblich variiert wird. Es treten auch Varianten auf, die für den Wirt schädlich sind. Häufig sind unter Mitochondrien der Bäckerhefe (*Saccharomyces cerevisiae*) Mutanten, die für den Energiehaushalt der Hefezellen nutzlos sind, sich aber besonders rasch vermehren. Da die betroffenen Hefekolonien immer langsamer wachsen, gehen mit ihnen letztendlich auch diese Mitochondrien-Mutanten zugrunde.

Es sind aber nicht nur hilfreiche Bakterien in Eukaryotenzellen eingewandert. *Wolbachia*-Bakterien etwa leben als nutzlose Parasiten im Plasma der Zellen von Insekten, auch in deren weiblichen Keimzellen, aber nicht in männlichen Spermien, die kaum Plasma enthalten. Wolbachien werden also (wie Mitochondrien) nur durch die mütterliche Linie vererbt. So entsteht ein Konflikt zwischen den Genen des Insekts, die in Söhne und Töchter weitergegeben werden, und den Genen des Bakteriums, für die ein männliches Insekt eine evolutionäre Falle ist. Es besteht deshalb ein Selektionsanreiz für Wolbachien, den Reproduktionsmechanismus einer Wirtsart so zu manipulieren, dass anstelle von Männchen möglichst viele Weibchen entstehen. Das geschieht in der Tat. Je nach *Wolbachia*-Stamm und Wirtsart werden entweder deren Söhne getötet, was dem Überleben der Töchter zugutekommt, oder bei Weibchen wird Jungfernzeugung herbeigeführt, oder genetisch männlich angelegte Nachkommen werden sekundär verweiblicht (O'Neill, Hoffmann, Werren 1997). Bislang gibt es im Genom der Wirtsorganismen keine wirksame Gegenwehr.

Immer komplexere Lebensformen sind im Laufe von vier Milliarden Jahren durch weitere Zusammenschlüsse verschiedener Organismen entstanden. Solche Symbiosen bewirken besonders hohe Effektivität. Bekannteste Beispiele sind die für viele Wirbellose und Wirbeltiere lebenswichtigen Darmbakterien, die als Körpersymbionten im Darm das Aufschließen der Nahrung besorgen. Viele marine Nesseltiere und Mollusken beherbergen in ihrem Körper Algen, die ihnen Nährstoffe liefern. Dazu besitzt die Mördermuschel (*Tridacna maxima*) Augen im Mantelrand, die ihr kein Bild von der Umgebung vermitteln, sondern die symbiontischen Algen mit Licht versorgen. Die vielerlei Flechten sind Kombinationen von Pilzen und Cyanobakterien oder Grünalgen und können unwirtlichste Lebensräume besiedeln. (Mereschowsky war Flechtenspezialist!) Von großer ökologischer und landwirtschaftlicher Bedeutung sind die obligatorischen symbiotischen Beziehungen zwischen Mykorrhizapilzen und Landpflanzen. Und schließlich zählt zu den Symbiosen auch das landwirtschaftliche Anbauen von Pilzen durch Blattschneiderameisen (*Atta*).

6.1.2 Vervielfältigung und Spezialisierung

Auf basalem Niveau liefert Gen-Duplikation die Möglichkeit, dass die Duplikate eines Gens in verschiedenen Genkomplexen unterschiedliche Effekte am Organismus erzeugen und unterschiedliche Merkmale ausprägen. Vergleichbares vollzieht sich auf dem Zellniveau. Einzellige

Organismen sind bis heute in unglaublicher Artenfülle vorhanden, wurden also nicht von Vielzellern verdrängt. Andererseits sind in der Stammesgeschichte mehrzellige Verbände mindestens 22-mal unabhängig voneinander entstanden. Innerhalb vieler dieser Abstammungslinien existieren sogar bis heute nebeneinander alle Übergänge von Einzellern über einfache Kolonien und Verbände bis hin zu echten Vielzellern.

Mehrzellige Verbände entstehen leicht und lassen sich zum Beispiel am einzelligen Laborstamm der Bäckerhefe in wenigen Generationen künstlich erzeugen, indem man jeweils diejenigen Zellen zur Weiterzucht verwendet, die mit einer selbsterzeugten Klebe-Matrix aneinander haften. Die von den Zellen abgeschiedene extrazelluläre Matrix hält die Zellgewebe aller mehrzelligen Organismen zusammen.

Wenn Einzeller, die sich durch Teilung vervielfältigen, nach der Teilung beisammen bleiben und einen Zellverband bilden, kann das mehrfache Selektionsvorteile bringen. Sie können einen Schutzvorteil erlangen vor Fressfeinden, die kleiner sind, oder können feinste Nahrungspartikel aus dem Wasser filtrieren. Die meist einzellige Grünalge *Scenedesmus acutus* zum Beispiel geht zur Koloniebildung über, wenn ihr Feind *Daphnia* (Wasserflohkrebse) im selben Wasserkörper vorhanden ist. Zellverbände können Nährstoffe effektiver für Not- und Mangelzeiten speichern, können aber auch Enzyme zum Aufschließen der Nahrung effektiver einsetzen. Schon hier, etwa bei Eisenbakterien, tauchen jedoch auch „Betrüger" auf, Zellen, die selbst kein Enzym beitragen, auf Kosten der anderen leben und auf längere Sicht das Wachstum der ganzen Kolonie untergraben.

Ein Zusammenschluss von einzelligen Kragengeißeltierchen (Choanoflagellata) zu Kolonien bildete wahrscheinlich die Stammform der Schwämme als Urtyp vielzelliger Tiere. Kragengeißeltierchen und Schwämme bilden gleichsam eine Brücke zwischen Ein- und Mehrzellern.

Innerhalb der Mehrzeller werden Zellverbände als Organe für verschiedene Funktionen spezialisiert. In der Kugelalge *Volvox* betreiben begeißelte Außenzellen die Fortbewegung, innen liegende erzeugen die Gameten. Das entspricht der für tierische Vielzeller typischen Trennung von Fortpflanzungszellen und Körper-(Soma-)Zellen. (Diese Trennung zwischen Keimbahn und Körper existiert bei Pflanzen nicht.) Im Stamm der Nesseltiere demonstrieren eine solche Spezialisierung die frei im Meer schwimmenden Staatsquallen (*Physalia*), auch Portugiesische Galeere genannt. Dabei handelt es ich um bis zu drei Meter große Kolonien aus Einzelpolypen, von denen einige mit Gas gefüllt die Schwimmglocken formen, andere mit langen Nesselfäden kleine Fische als Nahrung fangen, die von weiteren Spezialisten verdaut wird, und wieder andere besorgen die Vermehrung. Pulsierende Bewegungen der Schwimmglocken können die ganze Kolonie durchs Wasser ziehen. Eine Staatsqualle entsteht aus einem Start-Individuum durch Sprossung und ist der Musterfall für ein komplexes „Über"-Individuum, das aus vielen miteinander verwachsen bleibenden Individuen besteht.

Viele eukaryote Einzeller vermehren sich selbstständig. Aber nach dem Zell-Zusammenschluss zu einem Vielzeller – mit Spezialisierung, Arbeitsteilung und Rollenverteilung unter den Zellen und ihrer Differenzierung in Keimbahnzellen und sterbliche Körperzellen (Soma) – vermehrt sich nur noch dieser Vielzeller als Ganzes. Nach der Spezialisierung der Geschlechter ist auch ein Vielzeller-Individuum nicht mehr allein vermehrungsfähig, sondern braucht einen Partner. Bei staatenbildenden (eusozialen) Insekten entstanden sterile Kasten, funktionell analog zu den Körperzellen der Vielzeller. Entsprechend bezeichnet man einen Insektenstaat auch als Superorganismus.

Weitere Zusammenschlüsse zu Sozietäten mit Rollenverteilung, Arbeitsteilung und das Überleben sichernden Abhängigkeiten zwischen Individuen sind allbekannt. Die Bedeutung gesellschaftlicher Arbeitsteilung und die dafür erforderlichen Voraussetzungen, die Adam Smith (1776) beim Menschen untersucht hat, finden ihre analoge Entsprechung in der Evolution und Arbeitsteilung der Zellen der grünen Kugelalge *Volvox* (Bell 1985).

6.1.3 Selbstorganisation

Selbstorganisation ist ein dynamischer Prozess, der zu Mustern führt und nicht durch Naturgesetze, sondern durch das Zusammenwirken der Einzelsysteme geprägt ist. Selbstorganisation als ein Ordnungsprinzip der Natur ist wirksam in physikalischen, chemischen, biologischen, ökonomischen und soziologischen Systemen und führt zu spontan auftretenden emergenten Eigenschaften. In der Biologie beobachtet man Selbstorganisation als Entwicklung eines Systems ohne äußeres Zutun in eine räumlich/zeitlich organisierte Struktur, deren gestaltende Einflüsse von den Elementen des sich organisierenden Systems selbst ausgehen.

Ein Beispiel liefert der zentimetergroße Süßwasserpolyp *Hydra*, ein einfach gebautes Tier aus der Klasse der Nesseltiere (Coelenteraten). Sein Rumpf besteht aus zwei Zell-(Epithel-)Schichten, die zwischen sich eine Stützlamelle abscheiden und ein Nervennetz erzeugen. Die meisten Zellen funktionieren wie Muskelzellen, viele als Sinneszellen, die mechanische, chemische, Licht- und Schwerereize aufnehmen, wenige als Geschlechtszellen. Der Rumpf hat unten eine Fußscheibe, mit der *Hydra* sich auf dem Untergrund festhält und fortbewegt, und oben eine von Fangarmen umgebene Mundöffnung. Zwischen den Rumpfzellen entstehen Nesselkapseln (Cniden), die nach oben in die Fangarme wandern und mit Gift und Klebmaterial Beutetiere lähmen und festhalten. (Cniden sind das am kompliziertesten gebaute Zellprodukt im Tierreich.) Die Fangarme bringen Beute zum Mund und in den Magenraum, wo einige Zellen zersetzendes Ferment absondern und andere die Spaltprodukte verdauen. *Hydra* vermehrt sich auch ungeschlechtlich durch Sprossung.

Ein *Hydra*-Individuum kann man durch ein feines Sieb pressen und so in seine einzelnen Körperzellen zerlegen. Aus einer Zufallsmischung dieser Zellen entsteht erneut ein Polypenindividuum, in welchem die einzelnen Zellen andere Aufgaben übernehmen können als im vorigen Körper. Selbst ehemalige Epithelzellen allein formen wieder eine normale *Hydra* (Gierer et al 1940). Alle Zellen enthalten dasselbe Genom, aber in den Zellen werden, je nach ihren Positionen und Nachbarschaften, verschiedene Gene aktiv.

Die einzelnen Zellen als interagierende Systemkomponenten erschaffen dabei aus Chaos Ordnung, ohne eine Vision von der gesamten Entwicklung zu haben. Sie handeln nach einfachen Regeln, wobei nicht-lineare physikalische Wechselwirkungen zwischen wenigen Substanzen und ge-

genläufige chemische Gradienten eine Hauptrolle spielen (Turing 1952). Wie Christiane Nüsslein-Volhard (1996) zeigte, erzeugen orientierende molekulare Vormuster im Wirbeltier-Ei Gradienten, die Polaritäten für vorn-hinten und dorsal-ventral festlegen. Nach der Gradiententheorie steuern Stoffgradienten in der Eizelle, im Embryo und am wachsenden Körper die Genexpression. So entstehen zum Beispiel Fellzeichnungen der Säugetiere, Rumpfsegmente von Gliederfüßern oder Organanlagen zwischen Vorder- und Hinterpol. Auch die Entwicklung des menschlichen Embryos und die Differenzierung seiner rund 220 verschiedenen Zell- und Gewebetypen verläuft auf diese Weise, gesteuert durch Stoffgradienten und Nachbarschaftseinflüsse. Dabei wird die Expression unterschiedlicher Gene aus dem in jeder Zelle enthaltenen Gesamtgenom abgeschaltet. Wichtig bleibt die Selbstorganisation für Wundheilungen und Regenerationsvorgänge.

Ebenso entwickeln sich durch Selbstorganisationsprozesse nach einfachen Verhaltensregeln aus den lokalen Interaktionen der Individuen die Verteilungsmuster und kollektiven Entscheidungen in tierischen Sozietäten, etwa beim einheitlichen „Exerzieren" von Fisch- und Vogelschwärmen. Durch individuelle Interaktionen entstehen die verschiedenen Kasten von sozialen Insekten, sowie mannigfache Systemeigenschaften auf höherer Ebene in anderen Sozietäten (Hemelrijk 2005).

6.1.4 Emergenz

Durch Verknüpfen von Elementen entstehen in der Natur oft Systeme mit neuen Eigenschaften, welche aus den Eigenschaften der Einzeleinheiten nicht ableitbar sind. Emergente Eigenschaften sind in keinem Systemteil als Potenzialität zu verorten. George Lewes (1874) nannte dieses Phänomen „Emergenz". Emergenzen führen zu Systemen mit plötzlich neuen Eigenschaften. „Diese Eigenschaften des Gesamtsystems sind mehr als nur die lineare Addition der Eigenschaften seiner Komponenten. Dabei wirken die einzelnen Bestandteile nur nach ihnen selbst innewohnenden Eigenschaften und Regeln zusammen. Es bedarf keinerlei zusätzlicher Informationen von außen, seien es genetische oder sensorische, um diese neuen Systemeigenschaften entstehen zu lassen" (Neuweiler 2008, S. 24). So wirken Katalysatoren allein durch ihre atomare Beschaffenheit im Kontakt mit bestimmten Reagenzien beschleunigend auf spezifische chemische Reaktionen.

Emergenzen spielen eine wichtige Rolle in der Physik, der Technik und der Evolution (Lloyd Morgan 1933). Dazu zählt auch die als Selbstorganisation besprochene spontane Herausbildung von neuen Strukturen eines Systems. So entstehen komplexere räumliche, insbesondere sich wiederholende Muster, etwa Sandrippeln am Strand, auf Dünen und Sandwüsten, oder gleichmäßige Cumulus-Wolkenbänder. Bei Teilhard de Chardin (1959) allerdings behauptet der deutsche Übersetzer Othon Marbach (als Fußnote S. 264) gerade umgekehrt: „Unter Emergenz versteht man ein schöpferisches Entwicklungsprinzip, bei welchem die höheren Seinsstufen neue Qualitäten zu den niederen hinzufügen."

Häufige Ursache für Emergenzen ist die Rückkoppelung eines Effekts auf seine Ursache, zum Beispiel beim simplen Fliehkraftregler, dessen Fähigkeit, die Drehzahl eines

Motors konstant zu halten, an seinen Bauteilen, die aus wechselnden Materialien bestehen können, nicht zu erkennen ist. Das Ganze ergibt mehr als die Summe seiner Teile, wenn diese passend zusammenkommen.

Ein Beispiel hierfür bildet die elementare Fähigkeit tierischer Lebewesen, Bewegungen in der Umwelt von selbstverursachten Scheinbewegungen zu unterscheiden, und zwar nach dem Reafferenzprinzip (v. Holst, Mittelstaedt 1950). So wird zum Beispiel ein Kommando an die Augen, den Blick nach rechts zu wenden, gleichzeitig an das Wahrnehmungszentrum gesendet als Erwartung, dass sich die Umwelt sichtbar nach links verschieben wird. Die Eingangswahrnehmung, dass sich die Umwelt tatsächlich nach links verschiebt, wird mit der erwarteten Linksverschiebung so verrechnet, dass sich beide annulieren. Kommt jedoch eine solche Meldung nur von außen, dann bewegt sich tatsächlich die Umwelt. Der Abgleich innerlich erwarteter mit äußerlich gemeldeten Geschehnissen in allen Sinneswahrnehmungen ist demgemäß entscheidend für geordnete Aktivitäten der Organismen in ihrer Umgebung.

6.2 Neues aus philosophisch-theologischer Sicht

Kardinal Schönborn (2007, S. 86) fragt: „Wie sieht das Schöpferwirken Gottes aus, wenn es um das Auftreten von wirklich Neuem geht, etwa das Entstehen des Lebens, besonders aber des Menschen?" Er favorisiert die Vorstellung von einer fortgesetzten Schöpfung (*creatio continua*), einem fortdauernden Eingreifen des Schöpfers in den naturgesetzlichen Lauf der Evolution, und stellt fest: „Auf diesem Weg des Werdens gibt es das ‚Auftauchen' von wirklich Neuem. Kann dieses ‚Mehr' aus dem ‚Weniger' entstanden sein? Kann das Niedrigere aus eigener Kraft das Höhere, Komplexere hervorbringen? Nichts in der Erfahrung spricht dafür, dass Niedrigeres ohne orientierendes, organisierendes Wirken Höheres hervorbringen kann."

Die Gleichsetzung von neu = mehr = höher = komplexer verunklart, was genau gemeint ist. „Neu" als wesenhaft verschieden, als etwas metaphysisch Neues verstanden, kann nur durch eine transzendente Ursächlichkeit Gottes entstehen (Rahner 1958), wäre also schon *per definitionem* unableitbar. Das Wesenhafte evoluiert nicht. „Mehr – weniger, niedrig – höher, einfach – komplexer" jedoch sind durchaus übliche biologische Begriffe zur Beschreibung von Neuem in der Evolution (*evolutionary novelties*), wie schon erörtert. Wenn fortdauernde Schöpfung das Hervorbringen von solch Komplexerem bedeutet, soll man sich dann vorstellen, dass, wo immer es zu einer höheren Komplexitätsstufe kommt, Gott eingreift? Von den Einzellern an? Etwa da, wo manche Eisenbakterien mehr Zellklebstoff erzeugen und eine Zellkolonie entsteht? Wenn dann einigen Zellen das Fress-Enzym fehlt und sie als blinde Passagiere der Kolonie schaden, von der sie profitieren, verweist das auf die Theodizee-Frage nach der Herkunft des Bösen?

Zum Unterschied von denen, die sich gern über Wunder wundern, findet es der Biologe wunderbar, dass die Evolution ohne Wunder vor sich geht. „Es ist wahrlich eine großartige Ansicht, dass der Schöpfer den Keim alles Lebens nur wenigen oder nur einer einzigen Form eingehaucht hat und dass… aus so einfachem Anfang sich eine endlose Reihe der schönsten und wundervollsten Formen entwickelt hat und noch immer entwickelt" (Darwin 1884; deutsch 1884, S. 565).

Literatur

Bell G (1985) The origin and early evolution of germ cells as illustrated by the Volvocales. In: Halverson H, Mornoy A (Hrsg) The origin and evolution of sex. Liss, New York, S 221–256

Burt A, Trivers R (2006) Genes in conflict. Harvard University Press, Cambridge

Darwin C (1884) Über die Entstehung der Arten durch natürliche Zuchtwahl. (Carus JV, 7. Aufl.). Schweizerbart, Stuttgart

Gierer A, Berking S, Bode H, David CN, Flick K, Hansmann G, Schaller H, Trenkner E (1940) Regeneration of hydra from reaggregated cells. Nat New Biol 239:98–101

Hemelrijk C (Hrsg) (2005) Self-organisation and evolution of social systems. Cambridge University Press, Cambridge

Lewes GH (1874) Problems of life and mind. Longmann, London

Lloyd Morgan C (1933) Emergent evolution. Holt, London

Maynard Smith J, Szathmáry E (1996) Evolution. Springer Spektrum, Heidelberg

Mereschowsky C (1905) Über Natur und Ursprung der Chromatophoren im Pflanzenreiche. Biol Cbl 25:593–604, 689–690

Mereschowsky C (1910) Theorie der zwei Pflanzenarten als Grundlage der Symbiogenesis, einer neuen Lehre der Entstehung der Organismen. Biol Cbl 30:278–303, 321–347, 353–367

Neuweiler G (2008) Und wir sind es doch – die Krone der Evolution. Wagenbach, Berlin.

Nüsslein-Volhard C (1996) Gradienten als Organisatoren der Embryonalentwicklung. Spektrum der Wissenschaft 10:38–46

O'Neill SL, Hoffmann AA, Werren JH (1997) Influential passengers. Oxford University Press, Oxford

Rahner K (1958) Theologisches zum Monogenismus. Schriften zur Theologie Bd. 1. S 253–322. Benziger, Einsiedeln

Schönborn C (2007) Ziel oder Zufall? Schöpfung und Evolution aus der Sicht eines vernünftigen Glaubens. Herder, Freiburg

Smith A (1776) The wealth of nations. Strahan, London

Teilhard de Chardin M-JP (1959) Der Mensch im Kosmos. Beck, München

Turing AM (1952) The chemical basis of morphogenesis. Phil Trans R Soc B 237:37–72

von Holst E, Mittelstaedt H (1950) Das Reafferenzprinzip. Naturwissenschaften 37:464–476

7
Epigenetik

Viele, aber durchaus nicht alle Eigenschaften der Organismen werden durch Programme weitergegeben, die in den Keimzellen enthalten sind. Für diese erblichen Anlagen aus Desoxyribonucleinsäure (DNS bzw. DNA) prägte der Däne Wilhelm Johannsen 1909 das Wort „Gen". Er unterschied das Erbgut, den Genotyp, von der fertigen Erscheinung des Organismus, dem Phänotyp, der aus Proteinen besteht. Unter dem Genotyp verstehen wir die genetische Zusammensetzung des Organismus, unter dem Phänotyp sein tatsächliches Aussehen, das erst im Zusammenwirken und in Auseinandersetzung mit der Umwelt zustande kommt. Dieser Entwicklungsprozess heißt „Epigenese" und umfasst Wechselbeziehungen zwischen den Genen selbst, zwischen den verschiedenen Teilen des sich entwickelnden Organismus sowie zwischen Organismus und Umwelt.

Epigenetische Prozesse spielen sich bereits im Genom des Individuums ab, unter anderem in Form von Beeinflussungen zwischen den ursprünglich gleichwertigen väterlichen und mütterlichen Allelen desselben Gens. Ein vom Vater stammendes Allel kann im Laufe der frühen Entwicklung des Embryos die Funktion des von der Mutter stammenden Pendants sogar völlig unterdrücken. Man nennt das

„genetische Prägung". So prägen sich zum Beispiel bei Mäusen nur die väterlichen Allele der Gene *Mest* und *Peg3* in Bau und Funktionsweise bestimmter Zonen des Gehirns aus. Das hat zur Folge, dass eine Mäusemutter, je nach der Allelform des von ihrem Vater stammenden *Peg3*, gut oder schlecht für ihre Jungen sorgt (Li et al 1999).

Das heranwachsende Individuum unterliegt epigenetischen, prägenden „Widerfahrnissen", die es nicht beeinflussen kann. Zum Beispiel nehmen Kaninchen-Säuglinge mit der Muttermilch Geschmacksstoffe auf, die aus der von der Mutter bevorzugt aufgenommenen Nahrung stammen, und bevorzugen später selbst diese Nahrung (Galef 2009). Werden Kaninchenmütter während der Tragzeit mit Wacholderbeeren gefüttert, so ziehen die Kaninchen aus diesem Wurf später Wacholderwiesen vor. Welche Nahrung bevorzugt und welche abgelehnt wird, hängt auch beim Menschen weitgehend von frühkindlichen kulturellen Einflüssen ab.

An weiteren Prägungsphänomenen ist das Individuum aktiv lernend beteiligt. Singvögel werden auf denjenigen Gesang geprägt, den sie von den pflegenden Erwachsenen hören, und singen ihn dann selbst: „Wie die Alten sungen, so zwitschern die Jungen". Diese Prägung beginnt bereits im Ei und setzt sich im lauschenden Nestling fort. Nestflüchter-Küken (bestuntersucht sind Enten und Gänse) werden sofort nach dem Schlüpfen auf das anwesende Elternobjekt geprägt und folgen ihm (Nachlaufprägung), männliche Enten erfahren damit auch eine sexuelle Prägung und wählen später einen Paarungspartner, der dem Nachlaufobjekt gleicht (Hess 1973).

Derselbe Satz von Genen kann unter verschiedenen Umweltbedingungen unterschiedliche Phänotypen hervorbringen. Nicht nur körperliche, sondern auch Verhaltensmerkmale bis hin zu individuellen Lebensformen entwickeln sich epigenetisch. Besonders gut untersucht ist das an Mäusen und anderen Nagetieren, bei denen ein Embryo im Uterus der Mutter unterschiedlichen Bedingungen ausgesetzt sein kann. Rennmaus-Männchen, die im Uterus zwei Brüder als Nachbarn hatten, werden später von Weibchen als Paarungspartner bevorzugt und erzielen 28 % mehr Nachkommen als solche, die zwischen zwei Schwestern heranreiften. Ein weiblicher Maus-Embryo, der so flankiert von zwei männlichen Embryonen heranwächst, entwickelt sich zu einem aggressiven, dominanten Weibchen, das einen größeren Aktionsradius hat und sich leichter ein Revier erkämpfen kann als ein Weibchen, das als Embryo zwischen zwei Schwestern heranwuchs. Das liegt daran, dass alle Embryonen allmählich ihren eigenen Hormonkreislauf anschalten, der etwas in die Nachbarschaft „abfärbt". Im Vergleich zu Weibchen, die sich zwischen zwei Schwestern entwickelten, pubertiert ein Weibchen, das zwischen zwei Brüdern heranwuchs, später, hat eine kürzere fortpflanzungsaktive Phase, längere Östruszyklen, ist für Männchen attraktiver, weniger anfällig gegen Dichtestress und deshalb bei höherer Bevölkerungsdichte im Vorteil. Außerdem haben diese Weibchen später besonders viele Söhne, was die Wahrscheinlichkeit steigert, dass ihre weiblichen Embryonen wieder zwischen zwei männlichen zu liegen kommen, sodass sich der beschriebene Effekt sogar in die nächste Generation fortsetzt (Ryan, Vandenbergh 2002). Solche Effekte sind auch für menschliche Mehrlingsgeburten zu erwarten.

Literatur

Galef BG (2009) Maternal influences on offspring food preferences and feeding behaviors in mammals. In: Maestripini D, Jill M, Mateo JD (Hrsg) Maternal effects in mammals. University of Chicago, Chicago, S 159–181

Hess E (1973) Prägung. Kindler, München

Johannsen W (1909) Elemente der exakten Erblichkeitslehre. Fischer, Jena

Li L, Kaverne EB, Aparicio SA, Ishino F, Barton SC, Surani MA (1999) Regulation of maternal behavior and offspring growth by paternally expressed *Peg3*. Science 284:330–333

Ryan BC, Vandenbergh JG (2002) Intrauterine position effects. Neurosci Biobehav Rev 26:665–678

8
Konkurrenz, Kooperation, Altruismus und biologische Märkte

Kooperation und Altruismus enthalten immer ein Quantum Konkurrenz (Hammerstein 1996) und mischen sich in den natürlich entstehenden biologischen Märkten (Noë, Hammerstein 1995).

8.1 Konkurrenz und Kooperation

Organische Evolution der belebten Schöpfung beruht auf dem Selbstreproduzieren der Gene, was Ressourcen verbraucht. Verschiedene Gene stehen deshalb untereinander in Ressourcen-Konkurrenz. Stoßen Gene aufeinander, die gegenseitig ihre Replikation fördern, können sich gesteigert effektive Zusammenschlüsse bilden, die entsprechende Zusammenschlüsse unter ihren Konkurrenten begünstigen. So entstanden Chromosomen und schließlich, unter immer effektiver werdender Umweltbewältigung, von Genkomplexen aufgebaute Gehäuse, die wir als Organismen wahrnehmen, welche sich ihrerseits zu effektiveren Verbänden zusammenschließen (Dawkins 1982). Auf allen Ebenen, von Genkomplexen bis zu Individuenverbänden, sind solche Gruppierungen attraktiv für „Trittbrettfahrer" (blinde

Passagiere, Parasiten), die von den Vorteilen der Gruppe profitieren, selbst aber nichts dazu beitragen. Das wiederum begünstigt, ebenfalls auf allen Ebenen, kontrollierende „Polizei"-Instanzen, die allerdings den Gruppen Kosten verursachen, ihrerseits ebenfalls korrumpierbar sind und weitere übergeordnete Ordnungsaktionen verlangen usw. Dasselbe spielt sich bei kultureller Evolution zwischen konkurrierenden oder kooperierenden Ideen ab.

Da alle replizierenden Einheiten, Gene wie Ideen, dem Ausbreitungs-Selektionsdruck unterliegen, kommt es sowohl zu Kooperation als auch zu Konkurrenz zwischen Ideen und genetischen Programmen, schon im beide beherbergenden Individuum. Hinzu kommen Gene von Parasiten, die das Verhalten ihres Wirtes zu ihren eigenen Gunsten beeinflussen. Zum Beispiel genügt manchen Parasiten die Körperwärme ihres Wirtes, etwa eines Menschen, nicht und sie sorgen in ihm für Fieber. Andere Parasiten hingegen bekämpft unser Körper seinerseits durch Fieber. Dieses Fieber soll der Arzt unterstützen, das fremderzeugte aber bekämpfen.

Das vom Individuum geäußerte Verhalten kann demnach teils vom eigenen Genom, teils vom Genom eines Parasiten, teils von übernommenen Ideen gesteuert sein (Wickler 1987). Dem Menschen können dann „zwei Seelen in seiner Brust" bewusst werden, was Paulus beklagt: „Ich sehe aber ein anderes Gesetz in meinen Gliedern, das mit dem Gesetz der Vernunft im Streit liegt" (Röm 7, 23); „ich tue nicht das, was ich will, sondern das, was ich hasse" (Röm 7, 15).

8.2 Altruismus

Mit der Frage, ob auch angeblich altruistisches Verhalten dem Ausübenden einen Selektionsvorteil verschafft, beschäftigt sich die Soziobiologie (Wickler, Seibt 1991). Sie muss dazu eine Nutzen-Kosten-Rechnung aus der Sicht des Altruisten aufstellen. Als Nutzen gilt jede Erhöhung der Ausbreitungschance seiner Gene, als Kosten gilt jeder Aufwand an Zeit, Energie und Risiko, der nicht direkt in die Gen-Ausbreitung gesteckt wird. Altruistisches Verhalten ist dadurch definiert, dass es dem Ausübenden eine Verringerung seiner Fortpflanzungschancen (also Kosten) einbringt, jedoch die Fortpflanzungschancen des unterstützten Partners erhöht (ihm also Nutzen einbringt). Der typische Fall ist die Brutpflege. Sie kostet Zeit, Energie und bringt Risiken (z. B. bei der Verteidigung der Jungen gegen Feinde). Individuen verschiedener Tierarten, die man an Fortpflanzung und Brutpflege hinderte, lebten länger als solche, die sich normal fortpflanzten und Junge aufzogen. Brutpflege ist also scheibchenweiser Selbstmord. Diesen Kosten steht jedoch ein großer Nutzen für den Betroffenen gegenüber: Wo Brutpflege notwendig ist, würde eine Mutation, die Brutpflegeverhalten einspart, in ihrem Träger wieder von der Bildfläche verschwinden, während das genetisch verankerte Brutpflegeverhalten in den Nachkommen überlebt. Allerdings besteht dieser Evolutionsvorteil nur dann, wenn die Brutpflege sich auf die eigenen Nachkommen richtet; eine Mutation, die Brutpflege begünstigt, kann sich nur ausbreiten, wenn diejenigen gepflegt werden, die diese Mutation geerbt haben, nicht aber irgendwelche anderen Individuen, die dieses Programm nicht enthalten.

Ganz allgemein sind einseitige Aufwendungen für andere Individuen dann selektionsbegünstigt, wenn die Aufwendungsprogramme im Empfänger der Hilfe mehr Fortpflanzungschancen gewinnen, als sie im Spender der Hilfe einbüßen. Dazu müssen im Empfänger der Hilfe dieselben Programme stecken wie im Spender. Das ist gewährleistet durch Abstammung, die ja genetische Verwandtschaft erzeugt. Der Grad der genetischen Verwandtschaft zwischen zwei Individuen gibt an, wie wahrscheinlich sie ein genetisches Programm gemeinsam haben. Die Bereitschaft zu einseitiger Hilfe sollte demgemäß mit dem Verwandtschaftsgrad korrelieren. Das ist die Idee der Verwandtenselektion (*kin-selection*; Hamilton 1964), in der altruistisches Verhalten, auf Verwandte gerichtet, in diesen seine eigene genetische Grundlage unterstützt. Das entspricht einer auf Verwandte erweiterten Brutpflege.

Umgekehrt kann ein „Kannibalen-Paradox" in kritischen Situationen entstehen. Denn wer einen Artgenossen opfern oder schädigen muss, wählt einen Fremden, um die Familie zu schonen; aber wer sich opfert, tut das für die Familie und nicht für Fremde.

Zwischen Vollgeschwistern ist die genetische Verwandtschaft gleich hoch wie zwischen Eltern und ihren Nachkommen. Deshalb beteiligen sich an der Brutaufzucht bei manchen Fischen, vielen Vögeln und einigen Säugetieren nicht nur die Eltern, sondern als „Helfer" auch deren bereits geschlechtsreife Nachkommen. Sie tun es dann, wenn die Eltern allein nicht die ganze nächste Brut aufziehen können, und wenn das Aufziehen der Geschwister, die sonst zugrunde gingen, für die Helfer ökonomischer ist, als ein Revier zu gründen, einen Partner zu finden und eigenen Nachwuchs zu erzeugen und aufzuziehen. Unter solchen ökologischen Bedingungen treten durch Helfer erweiterte Familien auf. Ein und dieselbe Art kann Helfer aufweisen oder nicht, je nachdem, wie leicht an einem Ort oder in einer Saison Nahrung für die Jungen zu beschaffen ist (Reyer 1979).

Aber auch unabhängig von Verwandtschaft gibt es nach demselben Nutzen-Kosten-Grundsatz Hilfeleistungen unter beliebigen (selbst artverschiedenen) Beteiligten, und zwar auf der Basis von Gegenseitigkeit („eine Hand wäscht die andere"). Forscher im Freiland erleben zunehmend Überraschungen, 1) wie gut tierische Individuen verschiedene Formen von Hilfe gegeneinander aufrechnen, 2) wie spät eine Gegenleistung erfolgen kann, 3) mit wie vielen anderen ein Individuum solche Leistung-Gegenleistung-Beziehungen eingehen kann und 4) wie geringe Hirngrößen (zum Beispiel bei Fischen) dazu erforderlich sind. Es gibt derzeit eine reichhaltige Literatur zu diesem Thema von Mutualismus oder Symbiose, selbst unter Individuen verschiedener Arten. Man kennt Beispiele dafür, dass Individuen anderen sogar dann helfen, wenn sie dabei gesehen werden und sich so eine soziale Reputation aufbauen. Die spieltheoretischen Grundlagen zum Verständnis solcher Kooperationen legten Ronald Noë und Peter Hammerstein (1994) unter dem Begriff „biologische Märkte".

8.3 Biologische Märkte

Selektion als treibende Kraft der Evolution ist der Prozess, durch den generationenlang besser an ihre Umwelt angepasste Organismen im Vergleich zu weniger gut angepassten an Häufigkeit zunehmen. Oft profitieren Mitglieder einer Klasse von Organismen davon, dass sie nach gewissen Merkmalen bestimmte Mitglieder einer anderen Klasse von Organismen auswählen, deren „Güter" oder „Dienste" sie ausnutzen. Häufig profitieren die Gewählten jedoch ebenfalls davon, ausgewählt zu werden, weil auch ihnen von den Wählenden Güter oder Dienste zuteilwerden.

Natürliche Selektion begünstigt auf beiden Seiten, bei den Wählenden und den Gewählten, die besser Angepassten. Dadurch entsteht unter den Wählern Konkurrenz um die zu Wählenden, unter den zu Wählenden Konkurrenz ums Gewähltwerden. Die beste Strategie für jedes Individuum hängt dann ab von beidem: von dem, was Vertreter der eigenen Klasse tun, und von dem, was Vertreter der anderen Klasse tun. Es herrscht auf beiden Seiten frequenzabhängige Selektion. Dadurch bilden sich biologische Märkte, indem auf der Grundlage von Angebot und Nachfrage zwischen „Gebern" und „Nehmern" Güter oder Dienste ausgehandelt werden (Noë, van Hooff, Hammerstein 2001). Eine wichtige Rolle spielen dabei das Auftreten und Einschränken von Betrügern. Typische biologische Märkte entstehen zwischen Artgenossen bei der Wahl eines Sexual- oder Koalitionspartners, zwischen artverschiedenen Organismen unter Mutualismus-(Symbiose-)Partnern.

Auf Paarungsmärkten bestimmen Angebot und Nachfrage von Eizellen und Spermien, gegebenenfalls auch zeitlich vorausgehende oder nachfolgende Schutz-, Versorgungs- und Brutpflegedienste, die Ausgestaltung von polygamen, serial monogamen oder dauermonogamen Fortpflanzungs- und Familienstrukturen.

Angebot und Nachfrage von Koalitionsdiensten entstehen in allen Situationen, in denen es Kooperation gibt, zum Beispiel als Anhängsel an einen Paarungsmarkt. Paarungsbereite Weibchen wählen aus dem Überangebot paarungswilliger Männchen oft den Größten oder Stärksten, der am ehesten eine von Konkurrenten ungestörte Paarung gewährleistet. Dementsprechend zeigen Männchen ihre Dominanz über Rivalen an, bei manchen Antilopen (etwa beim afrikanischen Wasserbock *Kobus ellipsiprymnus*) in Form einer freigekämpften Paarungsarena, auf der sich paarungsbereite Weibchen einfinden. Da ein Männchen nicht zugleich kämpfen und kopulieren kann, ist unter hohem Konkurrenzdruck ein Koalitionspartner nützlich. Dafür steht ein Überangebot von rangtieferen Männchen in Junggesellentrupps zur Verfügung, die untereinander um den „Posten" beim Arena-Inhaber konkurrieren. Nach den Marktgesetzen müssen sie einander „unterbieten", und der Arena-Inhaber bekommt einen Kumpan, der ihm beim Kämpfen hilft und sich – da wenig besser ist als nichts – mit seltenen Kopulationen zufrieden gibt (Wirtz 1981). Dasselbe geschieht in Trupps von Pavianen (*Papio ursinus*), die außer dem Pascha mehrere rangniedere Männchen umfassen. Von denen bilden zuweilen zwei eine Kampfkoalition und versuchen, dem Pascha sein Monopol auf Paarung mit einem brünstigen Weibchen streitig zu machen. Auch hier schließt sich dazu eines von mehreren sich bietenden schwächeren Männchen einem stärkeren an. Im Erfolgsfall gegen den Pascha kommt der Stärkere am häufigsten zur Kopulation mit dem Weibchen, während der andere vorrangig in Kämpfe verwickelt ist (Noë 1990).

Mutualismus-Partner sind zum Beispiel Blattläuse und Ameisen. Eine Blattlaus-Kolonie bietet Honigtau und braucht Schutz vor Feinden, eine Ameisen-Kolonie braucht den Honigtau von den Blattläusen und bietet diesen Schutz. Ameisen streifen umher und vergleichen mehrere Honigtau-Anbieter. Das erzeugt unter den Blattläusen Konkurrenz um möglichst hohe Honigtau-Produktion (zum Nachteil der Pflanzen, von denen sie ihn nehmen), und gibt den Ameisen die Möglichkeiten, die Blattläuse entweder zu beschützen und auf längere Zeit zu melken, oder aber sie zu fressen (zusammengefasst bei Noë und Hammerstein 1994, S. 8).

Wie die Auswertung von Heirats-Annoncen und die tatsächlichen Wahlen bei naturnah lebenden Völkern ausweisen, bevorzugen auf dem menschlichen Heiratsmarkt Männer eine Frau von jugendlichem Alter oder körperlicher Attraktivität als Anzeichen künftiger Fruchtbarkeit, während Frauen im Hinblick auf möglichst gute Kinderaufzucht einen Mann nach sozialem Status, Vermögen und Zuverlässigkeit wählen (Pawlowski, Dunbar 1999). Dementsprechend tendieren schließlich die untereinander konkurrierende Frauen zu möglichst jugendlichem Äußeren und Auftreten, die Männer zu möglichst starken Besitz- und Statussymbolen; und alle versuchen, unechte Signale zu durchschauen.

Literatur

Dawkins R (1982) The extended phenotype: the gene as the unit of selection. Freeman, New York

Hamilton WD (1964) The genetical evolution of social behaviour. J Theor Biol 7:1–52

Hammerstein P (1996) The evolution of cooperation within and between generations. In: Baltes PB, Staudinger UM (Hrsg) Interactive minds. Life-span perspectives on the social foundation of cognition. Cambridge University Press, New York, S 1–58

Noë R (1990) A veto game played by baboons: a challenge to the use of the Prisoner's Dilemma as a paradigm for reciprocity and cooperation. Anim Behav 39:78–90

Noë R, Hammerstein P (1994) Biological markets: supply and demand determine the effect of partner choice in cooperation, mutualism and mating. Behav Ecol Sociobiol 35:1–11

Noë R, Hammerstein P (1995) Biological markets. Trends Ecol Evol 10:336–339

Noë R, van Hooff JARAM, Hammerstein P (2001) Economics in nature: social dilemmas, mate choice and biological markets. Cambridge University Press, Cambridge

Pawlowski B, Dunbar RIM (1999) Impact of market value on human mate choice decisions. Proc R Soc B 265:281–285

Reyer H-U (1979) Flexible helper structure as an ecological adaptation in the pied kingfisher (Ceryle rudis rudis L.). Behav Ecol Sociobiol 6:219–227

Wickler W (1987) Allochthone Entscheidungen eines fiktiven Ichs. In: Heckhausen H, Gollwitzer PM, Weinert FE (Hrsg) Jenseits des Rubikon: Der Wille in den Humanwissenschaften. Springer, Berlin, S 365–375

Wickler W, Seibt U (1991) Das Prinzip Eigennutz. Piper, München

Wirtz P (1981) Territorial defence and territory take-over by satellite males in the waterbuck *Kobus ellipsiprymnus* (Bovidae). Behav Ecol Sociobiol 8:161–162

9
Typische Konfliktsituationen in tierischen Sozietäten

Es erscheint uns selbstverständlich, dass das Verhalten der Tiere durch Instinkte in naturgemäß geordneten Bahnen gehalten wird, während ein der menschlichen Natur gemäß geordnetes Verhalten ethische Wertungen und moralische Regeln benötigt. Die Voraussetzung dafür, Moral als Abklatsch der Natur zu verstehen oder wenigstens auf die Autorität der Natur gestützt Moral zu predigen, war, dass die im ethischen Dekalog aufgeführten Verhaltensbereiche ihre Entsprechung im Tierreich haben. Die Predigtmärlein nahmen das als gegeben. Aber auch die moderne Verhaltensforschung und Soziobiologie finden zum menschlichen Verhalten klare Parallelen im Sozialverhalten der Tiere. Dafür einige Beispiele. Ich werde für die entsprechenden Sachverhalte zum leichteren Verständnis gebotsanaloge Titel einsetzen, damit aber weder Sollensforderungen noch ethische Wertungen einführen.

9.1 Artgenossen töten

Mit Töten ist in diesem Fall nicht jedwedes Auslöschen von Leben gemeint, etwa, wenn Frösche Fliegen verschlucken, Amseln Würmer umbringen, Wölfe Rehe reißen oder Menschen Schweine schlachten. Gemeint ist immer das gezielte Töten von Artgenossen, beim Menschen „Morden" genannt. In seiner weitesten Auslegung, nämlich überhaupt kein Lebewesen zu töten, wäre das Verbot „Du sollst nicht töten" mit den Gegebenheiten der Schöpfung nicht vereinbar. Hingegen wäre das Verbot „Du sollst nicht unnötig töten" in ebenso weiter Auslegung sehr sinnvoll.

Töten von Artgenossen ist unter bestimmten Bedingungen in der Natur weit verbreitet, also ein fester Bestandteil der Schöpfung.

9.1.1 Gruppenkämpfe

Gruppenkämpfe im Tierreich werden wegen ihrer Ähnlichkeit zu menschlichen Gruppenkämpfen zuweilen Kriege genannt. Am bekanntesten sind sie von Ameisen und Schimpansen.

Die Kleine Rote Waldameise (*Formica polyctena*) bildet Kolonien, die um Nahrungsquellen in der Umgebung rivalisieren. Dabei geraten die Arbeiterinnen benachbarter Kolonien vor allem dann in Kämpfe, wenn in den Nestern Nahrungsknappheit herrscht. Dann sind an den Kämpfen schließlich Tausende beteiligt. Die Kämpfe können sich über mehrere Tage hinziehen. Nachdem die Tiere sich nachts in ihre Nester zurückgezogen haben, kehren sie am nächsten Morgen geradewegs zum Kampffeld zurück. Diese Kämpfe führen oft zur Ausrottung der kleineren Kolonie. Die zahlreichen eigenen und fremden Toten oder Verletzten dienen am Ende im Nest der Sieger als Proviant für die nachwachsende Generation (Mabelis 1979).

Jane Goodall (1986) und japanische Forscher (Nishida et al 1985; Mitani et al 2010) beobachteten ganz ähnliche jahrelange Kriege zwischen benachbarten Schimpansengruppen, auch solchen, die aus derselben Stammgruppe kamen, sodass die Beteiligten einander kannten. Ihnen geht es um Reviervergrößerungen, Zugang zu Nahrungsressourcen, manchmal auch um zusätzliche Weibchen. Als Auftakt patrouillieren Männchen, eins hinter dem anderen gehend, ungewöhnlich still und leise entlang der Grenze zum Nachbarterritorium und überschreiten die Grenze vorsichtig. Treffen sie auf eine Gruppe der Nachbarn, rufen sie laut und ziehen sich zurück. Einzeln angetroffene Nachbarn werden attackiert, verwundet oder getötet. Dabei schlagen und springen die Angreifer nacheinander auf ihr Opfer, beißen ihm Ohren und Hoden ab und reißen mit ihren starken Eckzähnen tiefe Wunden, bis die Eingeweide hervortreten. Babies werden ihren Müttern entrissen, umgebracht und teilweise verzehrt. Mütter, die ihre Kinder verteidigen, erleiden meist tödliche Wunden. Auf diese Weise wurde eine 30 Individuen zählende Gruppe im Verlauf mehrerer Jahre von ihren Nachbarn ausgelöscht, ihr Territorium fiel an die Sieger. Überleben können Weibchen, die zur Gruppe der Sieger überlaufen.

Theologen kennen dieses Geschehen aus der sogenannten Deuteronomischen Gesetzessammlung, in der Mose den Israeliten außer den Zehn Geboten noch weitere Anweisungen Gottes verkündete, darunter diese zum Umgang mit besiegten Feinden nach Eroberungszügen: „Wenn der Herr, dein Gott, sie in deine Gewalt gibt, sollst du alle männlichen Personen mit dem Schwert erschlagen. Die Frauen aber, die Kinder und Greise, das Vieh und alles, was sich plündern lässt, darfst du dir als Beute nehmen" (Dt 20, 13–14). – „Wenn du zum Kampf gegen deine Feinde ausziehst und der Herr, dein Gott, sie alle in deine Gewalt gibt, wenn du dabei Gefangene machst und unter den Gefangenen eine Frau von schöner Gestalt erblickst, wenn sie dein Herz gewinnt und du sie heiraten möchtest, dann sollst du sie in dein Haus bringen…. Sie soll in deinem Haus wohnen und einen Monat lang ihren Vater und ihre Mutter beweinen. Danach darfst du mit ihr Verkehr haben" (Dt 21, 10–13). Im Kampf gegen die Midianiter befahl Mose: „Nun bringt alle männlichen Kinder um und ebenso alle Frauen, die schon einen Mann erkannt und mit einem Mann geschlafen haben. Aber alle weiblichen Kinder und die Frauen, die noch nicht mit einem Mann geschlafen haben, lasst für euch am Leben!" (Num 31, 17–18).

Später rieten die Israeliten den Benjaminitern, die Frauen brauchten (Ri 21, 11–12): „So sollt ihr es machen: Alles, was männlich ist, und alle Frauen, die schon Verkehr mit einem Mann hatten, sollt ihr dem Untergang weihen. Sie fanden aber unter den Einwohnern von Jabesch-Gilead vierhundert jungfräuliche Mädchen, die noch keinen Verkehr mit einem Mann hatten. Diese brachten sie ins Lager nach Schilo im Lande Kanaan".

9.1.2 Rivalenkämpfe

Töten kommt vor im Kampf zwischen Rivalen um den Besitz von wichtigen Ressourcen. Meistumstrittene Ressourcen sind qualitätvolle Reviere und Paarungspartner. Die Form des Streites hängt ab von der naturgegebenen Ausrüstung der Streitenden. Ein Revierkampf zwischen

Buntbarschmännchen kann zum Beispiel als Maulkampf ausgefochten werden, bei dem sich die Rivalen an den Kiefern fassen und damit die Atembewegungen behindern. Verlierer ist, wer aus Atemnot loslassen muss. Heftiger wirken Kämpfe zwischen bewaffneten Rivalen, die etwa mit dolchspitzen Hörnern, Reißzähnen oder starken Klauen den Gegner verwunden oder umbringen können. Spektakulär sind Luftkämpfe von Libellenmännchen, Ringkämpfe der Klapperschlangen, Geweih- und Hornkämpfe von Huftieren, weil vorhandene Waffen dabei in der Mehrzahl der Fälle nicht eingesetzt werden. In der klassischen Ethologie sprach man von Kommentkämpfen, die anscheinend nach Regeln ablaufen, welche verhindern, dass einer der Kämpfer tödlich verletzt wird. Unterstellt wurde ein über das Interesse des Individuums hinaus wirksames Prinzip der Erhaltung der Art, dem zufolge der überlegene Kämpfer seinen Vorteil nicht ausnutzt (obwohl erst ein toter Gegner endgültig besiegt ist). So schreibt Konrad Lorenz (1957, S. 276): „Der hohe Arterhaltungswert der Kommentkämpfe ist nicht zu bezweifeln. Es leuchtet ohne Weiteres ein, wie wertvoll es für die Erhaltung der Art sein muss, wenn der eben Besiegte als Ersatz einspringen kann, wenn der Sieger unmittelbar nach dem Sieg selbst einem Räuber zum Opfer fällt". Das klingt nach einem natürlichen Pendant zu der von Mackie (siehe oben) geforderten Beschränkung individueller Handlungswünsche zur Wahrung der Interessen anderer. Und so galt bis in jüngste Zeit ein Prinzip der Arterhaltung als den Interessen des Individuums übergeordnet, nach dem Motto „Gemeinnutz geht vor Eigennutz". Hier war jedoch der Wunsch Vater eines Gedankens, der in die Natur hinein, statt aus ihr heraus gelesen wurde.

Wenn Individuen in dauerhaften Verbänden leben und einander kennen, sind Rivalen oft auch als Partner aufeinander angewiesen. Dann würde schon ein nachhaltig verwundeter Partner in solchen Situationen ausfallen. Es ist somit vorteilhaft, wenn im Streitfall der Verlierer seine Unterlegenheit signalisieren und damit den Streit beenden kann. Der Sieger geht in seinem eigenen Interesse darauf ein. Zwischen einander fremden Artgenossen sind solche „Demutgesten" wirkungslos.

Wo aber liegt der Vorteil für den, der einen fremden Rivalen für weitere kosten- und risikoreiche Kämpfe am Leben lässt, statt ihn gleich endgültig aus dem Weg zu räumen? Gäbe es in einer Gruppe von Beschädigungskämpfern ständig Tote oder Verwundete, wäre eine Gruppe aus Kommentkämpfern demgegenüber tatsächlich im Vorteil. Das gilt aber nur, solange die beiden Gruppen voneinander getrennt bleiben. Was geschähe, wenn Kommentkämpfer auf Beschädigungskämpfer stoßen, kann man sich ausmalen: Der Kommentkämpfer wird verlieren, der Beschädigungskämpfer gewinnen und im Kampf um Weibchen einen Fortpflanzungsvorteil haben. Er kann seine Taktik also an mehr Nachkommen weitergeben, diese Taktik wird sich voraussehbar durchsetzen.

Darin aber liegt das wahre Problem. Denn mit ihrer zunehmender Anzahl nimmt auch die Wahrscheinlichkeit zu, dass sie auf ihresgleichen treffen. Und dann werden die Kämpfe lebensgefährlich. Wenn konkurrierende Beschädigungskämpfer sich gegenseitig außer Gefecht setzen, hätten Kommentkämpfer den Vorteil des lachenden Dritten. Also müssen Beschädigungskämpfer vorsichtiger werden, sollten zuerst herausfinden, wie weit ihr Rivale zu gehen bereit ist.

Das verläuft so ähnlich wie beim Skatspiel, durch Reizen. Wobei natürlich jeder seine eigenen Chancen hochspielt, sich hochreckt, Flossen, Federn, Haare aufstellt und versucht, durch Bluffen möglichst groß und stark zu erscheinen. Das hilft viele direkte körperliche Kämpfe zu vermeiden, und manchmal führt schon Bluff tatsächlich zum Sieg. Auch wenn die umstrittene Ressource für beide Streitenden nicht den gleichen Wert hat, kann bereits das vorbereitende gegenseitige Test-Drohen einen Gegner zum Aufgeben veranlassen, ohne dass die gefährlichen Waffen eingesetzt werden.

Drohen und Imponieren sind als vorteilhafte Verhaltenselemente längst allgemein Teile des instinktiven Kampfverhaltens geworden. Unter gleich stark Bluffenden helfen diese Einschüchterungsversuche jedoch nicht, kosten unnötig Energie und Zeit, und die Kämpfe werden schließlich gemäß der wirklichen Kampfkraft der Gegner entschieden. Doch einmal eingeführt, gibt es vom Imponieren keinen Weg zurück: Wer darauf verzichtet, gewinnt zwar einen Kampf gemäß seiner Stärke, aber er muss viel häufiger kämpfen, weil er von Gegnern ständig unterschätzt wird. Wettrüsten und Drohen mit Haarkämmen, Federbüscheln, Stoßzähnen und anderen Waffen sind kostspielig, aber, einmal vorhanden, unausrottbar. So werden Hörner immer stärker, Reißzähne und Hauer immer länger, Drohsignale immer auffälliger. Unter vernunftlosen Geschöpfen ist derartiges Wettrüsten nicht zu stoppen.

So entstehen Kommentkämpfe. Sie dienen nicht dazu, den Artgenossen zu schonen, sondern dazu, die eigene Haut nicht unnötig zu gefährden. Neben dem Drohen muss aber ständig die Bereitschaft zum Beschädigungskampf erhalten bleiben; sonst ist wieder der Erste, der sich an den Droh-Komment nicht hält, im Vorteil (siehe oben).

Tatsächlich findet man bei Tieren noch mehr als die zwei erwähnten kämpferischen Taktiken, zum Beispiel den „Maulhelden", der als Beschädigungskämpfer auftritt, aber davonläuft, wenn sein Gegner ebenso kämpft; oder den „Rächer", der so lange wie sein Rivale Kommentkämpfer bleibt, aber zum Beschädigungskampf übergeht, sobald es sein Rivale tut; oder den „Provokateur", der nur ab und zu im Kommentkampf die Beschädigungstaktik probiert. Mit der Spieltheorie kann man diese Taktiken gegeneinander antreten lassen und zeigen, dass zum Beispiel Kommentkämpfer, die von Rächern zunächst nicht zu unterscheiden sind, in einer reinen Rächerpopulation unbehelligt aufkommen, dass aber in der Mischpopulation aus Rächern und Kommentkämpfern dann Provokateure und Beschädigungskämpfer Fuß fassen. Ein einigermaßen stabiles Populationsgleichgewicht kann sich einstellen als eine Mischung aus Rächern und Provokateuren mit einer kleinen Minorität von Kommentkämpfern. In realen Tierkämpfen wird man also unter den Individuen mit hoher Wahrscheinlichkeit eine Mischung der verschiedenen Kampftaktiken erwarten können.

9.1.3 Geschwistertötung

Eine Tötungshemmung gegenüber Geschwistern fehlt vielen Tierarten. Bekanntestes Beispiel ist der sogenannte „Kain-und-Abel-Kampf" zwischen jungen Adlern im Nest (Brown 1970). Adler legen zwei Eier im Abstand von einigen Tagen und beginnen schon beim ersten Ei zu brüten. Entsprechend schlüpfen die Küken nacheinander und stürzen sich alsbald in einen blutigen Kampf, der tagelang dauern kann. Sie hacken aufeinander ein, meist auf den Rücken, reißen Wunden, und unter lautem Kreischen verfolgt einer den anderen Runde um Runde. Auch wenn der Schwächere zu entkommen trachtet, wird er schließlich vom Älteren getötet. Die Eltern bleiben Zuschauer.

Fast alle Neugeborenen des Galapagos-Seebären (*Arctocephalus galapagoensis*) sterben, falls sie ein einjähriges Geschwister haben. Subpolar in kaltem, nahrungsreichen Wasser entwöhnen Seebärenmütter ein Junges, sobald es vier Monate alt ist. Im wärmeren und nahrungsärmeren Meer um Galapagos dagegen schwankt das Entwöhnungsalter zwischen zwölf und über 30 Monaten. Eine Woche nach einer Geburt paart sich die Mutter wieder und ist von da ab immer beides zugleich, Milchmutter und trächtig. Wenn nach zwölf Monaten das nächste Junge geboren wird, trinkt fast immer das ältere dem jüngeren die Milch weg und verdrängt es. Auch am Äquator weiterhin jährlich ein Reserve-Junges „auf Kiel zu legen" und gegebenenfalls gleich wieder zu verlieren, rentiert sich für die Mutter dennoch, und zwar für die Fälle, dass entweder ein sehr gutes Jahr kommt oder der ältere Säugling umkommt; dann bleibt der nächstgeborene am Leben. Zu verstehen sind die jährlichen Geburten als eine Versicherung für den gesamten Fortpflanzungserfolg einer Mutter. Ganz ähnlich ist die Situation beim Galapagos-Seelöwen (*Zalophus wollebaeki*). Da Mutter und Kind einander an der Stimme erkennen, wird besonders deutlich, dass jede Mutter nur ihr eigenes Kind versorgt. Obwohl vereinsamte fremde Kinder immer wieder bei ihr zu trinken versuchen, beißt sie sie und schleudert sie weg (Trillmich, Wolf 2008).

Wie zwischen verschieden alten Jungen beim Seebären herrscht tödliche Nahrungskonkurrenz unter gleich alten Geschwistern der Fleckenhyäne (*Crocuta crocuta*). Ihre Jungen werden mit offenen Augen und voll entwickeltem Gebiß geboren und beginnen sofort, gegeneinander um Muttermilch zu kämpfen; meist stirbt ein Geschwister (East, Hofer 1997).

Viel weiter verbreitet im Tierreich ist Kannibalismus unter Geschwistern (Adelphophagie). In großen Eigelegen des Marienkäfers *Coccinella septempunctata* attackieren und fressen die zuerst schlüpfenden Larven etwa 10 % ihrer Geschwister, die gerade schlüpfen oder noch im Ei stecken (Banks 1956). Ähnlich ist es bei manchen Spinnen (*Tegenaria*; Ibarra 1985), Schnecken (*Arianta arbustorum*; Baur & Baur 1986) und verschiedenen Vielborster-Würmern (Polychaeten, Spioniden). Abgemildert ist Geschwisterkannibalismus bei manchen Käfern, Spinnen und Schnecken, die von vornherein unbefruchtete Näheier ins Gelege mischen (Polis 1981). Bei Pfeilgift-Fröschchen füttert die Mutter ihre kannibalistisch veranlagten Kaulquappen einzeln mit solchen trophischen Eiern (Weygoldt 1980).

Geschwister-Kannibalismus kann sich bei lebendgebärenden Tieren regelmäßig schon im Körper der Mutter ereignen. Beim lebendgebärenden Seestern *Parvulastra vivipara* ernähren sich Keimlinge vor der Geburt von Geschwistern (Bryant, Jackson 1999); dasselbe geschieht beim Alpensalamander (*Salamander atra*) (Fachbach 1969). Die Embryonen vom Sandtigerhai (*Carcharias taurus*) entwickeln sich zunächst aus dem eigenen Dottervorrat, aber in jedem Uterushorn beginnt der erste, der etwa zehn Zentimeter Länge erreicht, die Geschwister neben sich aufzufressen; geboren werden schließlich zwei Junge von etwa einem Meter Länge (Gilmore et al 1983). Ebenso bildet bei der Gabelbock-Antilope (*Antilocapra americana*) der erste Keim, der sich in einem der beiden Uterushörner einnistet, einen rüsselartigen Ausläufer zu seinen Nachbargeschwistern und saugt sie aus; obwohl etliche Eizellen besamt wurden, gebiert die Mutter stets nur zwei Kälber (O'Gara 1969).

9.1.4 Infantizid

Weil diejenigen erblichen Programme aus jedem Organismus überleben, die durch seine Nachfahren möglichst zahlreich in zukünftige Generationen gelangen, ist in der Schöpfung für jeden Organismus sein individueller Lebens-Fortpflanzungserfolg entscheidend. Der kann in Konkurrenz stehen zum Lebens-Fortpflanzungserfolg von fremden Artgenossen oder nahen Verwandten, und dann können Erwachsene auch arteigenen Nachwuchs töten. In den Staaten der Hautflügler (Hymenopteren) legt die begattete Königin unbesamte Eier, aus denen männliche Drohnen entstehen, und besamte Eier, aus denen Arbeiterinnen werden, die den Nachwuchs aufziehen. Im Hummelstaat erzeugen die (unbegatteten) Arbeiterinnen aus eigenen unbesamten Eiern Drohnen und töten den männlichen Nachwuchs der Königin.

Andere typische Tötungssituationen entstehen durch Männchen-Rivalität und Mutter-Kind-Konkurrenz. Den Männchen dient Infantizid in der Regel dazu, ein neu erworbenes Weibchen, das noch mit Mutterpflichten besetzt ist, von diesen zu befreien und sofort als Paarungspartnerin verfügbar zu machen.

9.1.4.1 Haremsrivalität

Bei Tierarten, die Harems bilden, wird der männliche Haremsbesitzer nach einiger Zeit von einem jüngeren, stärkeren Männchen verdrängt, das dann die Haremsweibchen als Fortpflanzungsressource für sich beansprucht. Säuglinge, die noch von ihren Müttern abhängig sind, stehen dem entgegen, weil mit Jungenpflege beschäftigte Mütter vorerst nicht wieder trächtig werden. Bei Löwen dauert die Pflege der Jungtiere etwa zwei Jahre. Länger als zwei bis drei Jahre bleibt aber ein Männchen normalerweise nicht Besitzer des Harems. Wenn das Männchen, das einen Harem übernimmt, die Jungen seines Vorgängers tötet, werden die Mütter in wenigen Wochen wieder empfängnisbereit. In den ersten Monaten nach einem Wechsel des Haremsbesitzers ist deshalb die Sterblichkeit unter den Kleinkindern im Löwenrudel besonders hoch. Löwenmännchen sind jedoch keine berufsmäßigen Baby-Killer; ihren eigenen Jungen gegenüber sind sie sehr fürsorglich.

Aber Löwen sind kein Sonderfall. Vielmehr geschieht in Haremssozietäten von Nagern, Languren, Pavianen, Gorillas und Schimpansen das Gleiche, sobald Vorgänger-Nachwuchs eigenem Nachwuchs im Wege steht (Hausfater, Hrdy 1984). Das weit verbreitete Töten solcher fremden Jungen zeigt, dass Arterhaltung kein Naturprinzip ist. Man kann sich aber leicht ausrechnen, dass bei besonders hoher Männchen-Konkurrenz die Dauer der Herrschaft eines Haremsbesitzers kürzer wird als die Dauer der notwendigen mütterlichen Brutpflege und dass eine begrenzte Population daran zugrunde gehen kann.

Die betroffenen Mütter, die vergebens in die getöteten Jungen investiert haben, sind in ihrem Fortpflanzungserfolg massiv beeinträchtigt. Zumal bei Primaten (Languren zum Beispiel) gehen die Mütter von Kleinkindern einem neuen Haremschef möglichst aus dem Wege oder versuchen gar, allein mit dem Kind außerhalb der Gruppe zu überleben. Andere, vor allem trächtige Mütter bieten sich dem neuen Haremschef betont zur Kopulation an, mit dem Effekt, dass er manchmal ihre Kinder für seine eigenen hält. (Es mag wohl sein, dass das angeblich apotropäische Schamweisen von Frauen vor bedrohenden Feinden den gleichen Ursprung hat).

9.1.4.2 Mutter-Kind-Konkurrenz

Zwangsläufig besteht ein Interessenkonflikt zwischen brutpflegenden Müttern und ihren Jungen. Im Extremfall tötet eine Mutter ihre Jungen zugunsten ihres eigenen Fortpflanzungserfolgs. Das mag eine Überschlagsrechnung erläutern: Eine Tiermutter die normalerweise einen Wurf von sechs Jungen zur Welt bringt und ihn 60 Tage ernährt und pflegt, wendet vereinfacht gesagt zehn Tage pro Kind auf. Eine Mäusemutter als Beispiel könnte 20 Tage danach den nächsten Wurf zur Welt bringen. Falls einmal bei der Geburt vier von den sechs Jungen sterben, könnte die Mutter die restlichen beiden auch 60 Tage lang versorgen, was einen Aufwand von 30 Tagen pro Kind bedeutet. Wenn eine andere Mutter im gleichen Fall die zwei Jungen nicht akzeptiert (vielleicht sogar frisst), kann sie 20 Tage danach einen nächsten vollständigen Wurf erwarten. Selbst wenn man ihr diese 20 Interimstage mit anrechnet, ergibt das für die nächsten sechs Jungen einen Zeitaufwand von 80 Tagen, also nur knapp 13 Tage pro Kind. Diese Mutter, mit dem Programm bedingter Brutpflege, hat eine deutlich höhere Kinderdichte pro Lebenszeit und wird mehr Träger dieses Programms in künftige Generationen bringen als die Mutter mit dem Programm unbedingter Brutpflege. Auf die baldige Pflege eines nächsten vollzähligen Wurfes zu setzen und dafür einen Wurf mit zu wenigen Jungen im Stich zu lassen, lohnt sich für ältere Mütter weniger, denn mit zunehmender Wahrscheinlichkeit sind die wenigen Jungen zugleich ihre letzten. Ältere Weibchen sind also nicht bessere Mütter sondern „kalkulieren" altersgemäß anders als jüngere.

Das „Mäuse"-Modell gilt für Fälle, in denen die Mutter die Kinderzahl erst bei der Geburt feststellen kann. Anders ist es zum Beispiel beim Hausschwein. In der Mutter stellt sich am zwölften Tag nach der Konzeption ein Brutpflegehormon-Spiegel ein, der davon abhängig ist, wie viel Uterusfläche von Keimlingen besetzt ist. Normalerweise sind es neun bis elf. Weniger als fünf Embryonen reizen den Uterus zu schwach, werden abortiert, und die Mutter beginnt einen neuen Zyklus, der wieder die volle Jungenzahl erwarten lässt. Eine genaue Kosten-Nutzen-Rechnung wie im Mäusebeispiel zeigt allerdings, dass die Mutter sogar noch sieben Embryonen als unrentabel abortieren müsste (Taborsky 1985). Für die Diskrepanz sind die Embryonen verantwortlich, die chemisch mit der mütterlichen Uteruswand kommunizieren. Wenn fünf Embryonen die Mutter so stark reizen, als wären sie sieben, können sie überleben und ihr Reizprogramm in die nächste Generation retten. Das wird von der natürlichen Selektion begünstigt. Sind aus Embryonen Mütter geworden, wirkt die natürliche Selektion dem entgegen darauf hin, deutlich weniger Embryonen zu akzeptieren. Dass fünf Embryonen aufgezogen werden, ist eine Kompromisslösung. Diese ist für keine Seite optimal und außerdem nicht stabil, denn weiterhin wird auf beiden Seiten jede Verbesserung der eigenen Chancen von der Selektion begünstigt. Die Embryonen haben dabei einen stärkeren Selektionsdruck auf ihrer Seite, denn für sie geht es ums Überleben, für die Mutter lediglich um einen Teil ihres Fortpflanzungserfolgs. Ob Schwangerschaft oder Abortieren – nicht die Mutter entscheidet „sich"; es ist ein Entscheidungsprozess unter mehreren aktiv Beteiligten. Und das Ergebnis liegt dann zwischen dem Selektionsoptimum für die Mutter und dem für ihre Kinder.

Negativ auf die Überlebenswahrscheinlichkeit der Embryonen können auch widrige Lebensumstände während der Trächtigkeit einwirken. Bei Kaninchen werden 60 % aller Würfe nicht nach 30 Tagen geboren, sondern wieder resorbiert, noch bis zum Alter von 20 Tagen. Die ungeborenen Jungen vieler Nagetiere werden (sozusagen aus Kostengründen vorsorglich) abortiert, wenn die Mutter in den ersten vier Tagen nach der Kopula mit „ihrem" Männchen nur noch Geruchskontakt mit anderen Männchen hat, die den neugeborenen Nachwuchs eines Rivalen ohnehin umbringen würden. Dieser „Bruce-Effekt" ist nach seinem Entdecker benannt.

9.2 Behinderungen der Paarbildung

9.2.1 Divergierende Interessen der Partner

Die Fortpflanzung sehr vieler Tierarten erfordert eine Paarung zweier verschiedengeschlechtlicher Individuen. Diese können sich danach entweder wieder trennen oder als Paar zusammenbleiben. Wie schon erörtert, hängt der maximale Fortpflanzungserfolg eines Individuums mit der Anzahl der erzeugten Keimzellen zusammen, und die ist bei einem Männchen mindestens einige Tausend Mal größer als bei einem Weibchen. So wird die Anzahl der Nachkommen eines Männchens, nicht aber die eines Weibchens, begrenzt durch die Zahl der jeweiligen Geschlechtspartner. Dennoch bei einem Weibchen zu bleiben und auf zusätzliche Nachkommen zu verzichten, ist für ein Männchen nur vorteilhaft, wenn entweder keine Aussicht auf weitere Weibchen besteht oder für den Erhalt der Nachkommen eine Kooperation mit dem Weibchen erforderlich ist.

Ein Säugetiermännchen kann während der Tragzeit und der Stillperiode des Weibchens wenig zum Lebenserhalt des Nachwuchses beitragen und bleibt entsprechend selten nach der Paarung beim Weibchen. Bei vielen Vögeln kann sich das Männchen ausgiebig am Füttern der Nestlinge beteiligen und sich zuvor mit dem Weibchen beim Bebrüten der Eier abwechseln. Entsprechend häufig bleiben Vogelmännchen bis zum Ende der Jungenaufzucht beim Weibchen So bilden sich sozial gesehen eine Familie und ein monogames Paar. In sehr vielen Arten paaren sich aber sowohl Weibchen als auch Männchen in Pausen während des Brütens mit anderen Partnern, sind also nicht sexuell partnertreu monogam. Da nicht die Eier, sondern die Spermien „fremdgehen", pflegen Weibchen stets eigene Junge, Männchen aber oft fremde und lassen eigene Junge von fremden Eltern pflegen.

Es ist also notwendig, zwischen sozialer und sexueller Monogamie zu unterscheiden. In einem Zebra-Harem zum Beispiel ist der Hengst sexuell polygam, jede Stute aber sexuell monogam. Partnerbevorzugung bis Partnertreue gilt jeweils für bestimmte Verhaltensweisen, die oft leicht zu beobachten sind (räumliche Nähe, Körperpflege, Füttern), aber nicht verlässlich auf sexuelle Partnertreue schließen lassen. (Auch an die Monogamie des Menschen ist kein bestimmtes, partnerbeschränktes Verhalten gekoppelt.)

Wenn Brutpflege nötig, aber von einem Elternteil zu bewerkstelligen ist, kann sich der andere entfernen und für weiteren Fortpflanzungserfolg vorsorgen. Bleiben muss meist derjenige, welcher sich als Letzter mit den Eiern befasst. Bei Säugetieren ist es das Weibchen. Aber bei vielen Fischen legt erst das Weibchen den Laich auf eine Unterlage, und dann streicht das Männchen besamend darüber. Entsprechend häufig ist unter Fischen rein männliche Brutpflege.

9.2.2 Störende Interessen Dritter

Wo immer im Tierreich Männchen aufwendig um Weibchen werben, sei es mit Rufen, lockenden Gesängen, vorbereiteten Laichplätzen oder Nestern, findet man daneben sogenannte Satellitenmännchen, welche die Mühen der anderen sozialparasitisch für sogenannte Diebspaarung (Kleptogamie) ausnützen.

Laubfroschmännchen (*Hyla arborea*) zum Beispiel rufen von einem erhöhten Platz, locken damit Weibchen an und gehen dann verpaart ans Wasser zum Ablaichen. Doch am Boden unter einem rufenden Männchen sitzt oft schweigend ein weiteres Männchen. Das wartet nun nicht etwa darauf, selbst den günstigen Rufplatz zu übernehmen, sobald der Rufer ein Weibchen hat. Vielmehr spart der stumme Beisitzer am energieaufwendigen Rufen und fängt das erste kommende Weibchen ab und laicht selbst mit diesem ab (Wells 1977). Männchen der Feldgrille *Teleogryllus oceanicus* locken von ihrem Höhleneingang aus mit Trillerzirpen Weibchen an, die sich dann zu ihnen auf den Weg machen müssen. Den männlichen Lockgesang können aber auch Schmarotzerfliegen der Art *Ormia ochracea* hören; sie heften an das Männchen ihre Eier, aus denen dann räuberisch-parasitische Maden schlüpfen, welche sich in die Eingeweide der Grille eingraben und sie bei lebendigem Leib auffressen. Nach sieben bis zehn Tagen sterben die Grillen schließlich, und die Fliegenmaden schlüpfen aus und verpuppen sich. Unter den männlichen Grillen hat sich innerhalb von 20 Generationen eine Mutation am Zirporgan ausgebreitet, die das Zirpen unmöglich macht und die Männchen davor bewahrt, Opfer der Fliegen zu werden. Diese Männchen fangen nun statt dessen Weibchen ab, die zu einem noch werbenden Männchen unterwegs sind (Zuk, Rotenberry, Tinghitella 2006).

Bei mehr als 100 verschiedenen Fischarten halten sich neben einem werbenden Männchen andere Männchen auf, oft in Weibchenfärbung, und gesellen sich dann – auch zu mehreren – zu einem ablaichenden Paar und besamen eine beträchtliche Anzahl der vom Weibchen gelegten Eier

(Taborsky 1994). Manchmal, beispielsweise bei mehreren Lachsarten, sind das junge Männchen, die später als Erwachsene ihrerseits unter Satelliten zu leiden haben. Männchen von *Oncorhynchus*-Lachsen legen sich lebenslang darauf fest, entweder um Weibchen zu werben oder Satellit zu spielen.

Die Satellitentaktik ist so lange vorteilhaft, wie nicht zu wenige angelockte Weibchen auf zu viele Satelliten entfallen. Wenn es sich bei „ehrlich" Balzenden und Satelliten um zwei erbliche Taktiken handelt, dann führt die natürliche Selektion automatisch zu einem effektiven Gleichgewicht ihrer beider Fortpflanzungschancen und zu einem ausgewogen stabilen Zahlenverhältnis ihrer Vertreter in der Population, sodass im Schnitt jeder gleich häufig zu einem Weibchen kommt. Keine Taktik nimmt überhand, keine stirbt aus. Das gilt auch, wenn die Alternativtaktiken statt bei verschiedenen Individuen im gleichen Individuum nebeneinander existieren und in entsprechendem Häufigkeitsverhältnis angewendet werden. Wo das Satellit-Spielen eine Altersfrage ist, kann sich ein Erfolgsgleichgewicht durch Verschieben der kritischen Altersgrenze einpendeln. Es scheint aber auch bedingt satellitenhafte Männchen zu geben, die jeweils die „Marktlage" testen und nur Satellit spielen, falls genug andere Männchen vernehmlich Weibchen locken; andernfalls locken sie selbst.

9.3 Stehlen

Stehlen setzt Eigentum voraus, und das populärste Beispiel dafür ist ein Revier als verteidigtes Territorium. Es wird typischerweise vom Besitzer als sein Eigentum markiert und bleibt es, solange der Besitzer mit seiner Kampfkraft und Geschicklichkeit Konkurrenten beeindruckt und fernhalten kann.

Saatkrähen-Paare (*Corvus corone*) nisten gewöhnlich nah beisammen in Baumkronen. Ihre Nester bauen sie aus Zweigen, die am Waldrand auf dem Boden liegen. Wie Vogelbeobachtern wohlbekannt ist, kann eine Krähe sie jedoch statt von dort auch von einem angefangenen Nachbarnest holen, falls dessen Besitzer es nicht sieht und dagegen einschreitet. Macht man sich die Mühe, Zweige zu markieren, dann kann man deren Rundreise durch die Kolonie verfolgen. Würden nur Zweige von Nachbarn geholt, dann entstünde kein einziges fertiges Nest. Andererseits würde eine Krähe, die nur Zweige vom Waldrand holt, zuverlässiger Zweigsammler für alle. Zur effektiven Nutzen-Kosten-Balance muss deshalb jede Krähe in der Kolonie beide Beschaffungstaktiken gemischt anwenden. Freilich, würden alle Zweige nur vom Waldrand geholt, wäre die ganze Kolonie rascher und unter weniger Querelen mit dem Nestbauen fertig und könnte früher mit dem Brüten beginnen. Einzeln brütende Paare bleiben tatsächlich von diesen Koloniekosten verschont. Daraus kann man schließen, dass die Diebstahl- und Verteidigungskosten des Koloniebrütens durch anderweitige Kolonievorteile ausgeglichen oder überwogen und deshalb in Kauf genommen werden.

Interessanter ist, dass nicht jeder Besitzer offen um seinen Besitz kämpfen muss. Australische Zebrafinken (*Taeniopygia guttata*) benutzen mit Vorliebe leer stehende fremde Nester als Schlafnest, niemals aber eines, das Eier enthält. Ein solches Nest hat deutlich erkennbar einen Besitzer und ist auch in dessen Abwesenheit geschützt. In Gefangenschaft gezüchtete Zebrafinken achten dieses Tabu oft nicht mehr (Immelmann 1962).

Der kürzlich verstorbene Primatenforscher Hans Kummer hat zur Frage des respektierten Eigentums Experimente an Mantelpavianen und Rhesusaffen durchgeführt, und zwar mit Blechbüchsen, die ein beliebtes Körnerfutter enthielten, aber eine so kleine Öffnung hatten, dass sie lange Zeit als Körnerspender funktionierten. Sobald ein Affe eine solche Büchse in Besitz genommen hatte, war sie für die anderen tabu, allerdings nur, solange der Besitzer die Hand darauf halten konnte. War die Büchse mit einer Schnur irgendwo festgebunden und ihr Besitzer musste sie im Weggehen loslassen, wurde sie sofort von anderen erbeutet (Sigg, Falett 1985; Kummer, Cords 1991).

Ganz ähnlich verhalten sich freilebende Schimpansen. Sie fressen gern Fleisch, gehen auf Jagd und erbeuten kleine Paviane, andere Affen, kleine Waldschweine oder Antilopen. Der erfolgreiche Jäger ist dann im Besitz des von allen begehrten Fleisches. Aber selbst ranghöhere Männchen, die dem Jäger die Beute ohne Weiteres mit Gewalt abnehmen könnten, setzen sich stattdessen neben ihn und bitten mit offen vorgestreckter Hand um ein Stück. Meist bekommen sie etwas, aber durchaus nicht immer und oft erst nach langem Warten. Auch hier ist das allgemein begehrte Objekt als Eigentum eines Einzelnen tabu und wird ihm zugestanden (Goodall 1986). Wahrscheinlich gründet solches Tabu-Verhalten gegenüber wichtigem Eigentum darauf, dass sich jedes Individuum ebenso wahrscheinlich in der Rolle des Eigentümers wie des Nicht-Eigentümers befindet und schädigendes Verhalten durch Selektion begrenzt bleibt, weil sich seine Auswirkungen in der Population schließlich auch gegen den Handelnden selbst kehren.

Hans Kummer entdeckte ferner, dass, sobald ein Männchen und ein Weibchen sich zusammengetan haben, kein anderes Männchen mehr versucht, dieses Weibchen zu gewinnen. Selbst wenn man von zwei verschieden starken Männchen dem schwächeren in einem großen Käfig ein Weibchen zugesellt, das stärkere 15 min zusehen lässt und dieses dann auch in den Käfig bringt, versucht es nicht, das Weibchen zu erobern. Es setzt sich vielmehr meist von den beiden abgewandt in eine Ecke, als versuche es, nicht zu stören, starrt in den Himmel und kratzt häufig sich und mit einem Finger am Boden. Gibt man umgekehrt dem Stärkeren das Weibchen, so akzeptiert er es ohne Weiteres; dann verhält sich der Schwächere betont uninteressiert, während der Stärkere alle paar Minuten kommt und ihn beschwichtigend grüßt (mit dem bei Pavianen üblichen Gesäß-Präsentieren). Also ist das Weibchen für beide erstrebenswert, ist aber, von einem in Besitz genommen, für den anderen tabu (Kummer, Götz, Angst 1974; Film: Walter, Kummer, Angst 1975). Dieser biologischen Situation entsprach im alten Israel das Weib des Nächsten, das ursprünglich in einem Rundum-Gebot zum Hab und Gut des Mannes gezählt und erst später in einem eigenen Gebot (nach heute üblicher Zählung im neunten) vor fremdem Begehren gesondert geschützt wurde.

9.4 Taktisches Täuschen

In seinem Buch über die Sprache der Tiere schrieb Friedrich Kainz (1961, S. 141): „Als Lüge bezeichnet man die bewusst falsche, auf Irreführung des Partners abgestellte Aussage, die einen Sachverhalt der äußeren oder der inneren Welt unrichtig darstellt oder ihn durch Verschweigen bzw. Umformen wichtiger Züge entscheidend verändert. Das können Tiere schon deshalb nicht, weil sie keine Sprache haben. Aber auch zu Falschdarstellungen sind Tiere nicht befähigt,… denn sie können keine Sachverhalte in differenziert aussagender, durch klare gegenständliche Intentionen geleiteter Nenn-Symbolik darstellen, daher können sie diese auch nicht falsch darstellen." Ebenso behauptete der Theologe Fritz Rauh (1969), Tiere könnten nicht lügen, weil ihnen die Sprache fehlt.

Dass im Zoo manche Affen den Mund voll Wasser nehmen, mit Bittgebärden Menschen heranlocken und sie dann nassspucken, geschieht nach Kainz nur in Gefangenschaft, nicht im natürlichen Lebensbereich; erst domestizierte Tiere könnten angeborene Verhaltenselemente überformen und eigene Erfahrungen in Handlungsweisen einbauen. Kainz traut dem Tier Einsicht erst unter dem Einfluss des Menschen zu, Einsicht strahlt demnach nur vom Menschen aus.

Kainz behauptet auch, alle dem Tier abgenötigten Äußerungen müssten in der vollen artspezifischen Form produziert werden, sodass kein Tier fähig sei, etwa den artspezifischen Schrecklaut in einer harmlosen Situation oder zur Täuschung auszustoßen. Genau das aber kommt sogar häufig vor. Einige handaufgezogene junge Drosseln stießen den Luftfeind-Warnruf im feindfreien, geschlossenen Raum auch aus, wenn ihnen ein anderes Individuum einen guten Happen, etwa die beliebten Mehlwürmer, vor der Nase wegzuschnappen drohte. Der Alarmrufer zeigte dabei keine Zeichen von Angst, die anderen aber gingen in Deckung und ließen so dem Rufer Zeit, Leckerbissen einzuheimsen. Allerdings reichte die Einsicht in die Situation und in das eigene Handeln nicht weit genug; gab nämlich ein Gruppengenosse den Alarmruf weiter, ging auch der Erstrufer ohne Beute in Deckung (Thielcke, Thielcke 1964). Kainz folgend könnte das daran gelegen haben, dass diese Tiere Kontakt mit Menschen hatten und deswegen für Lügen anfälliger wurden – obwohl niemand weiß, wie das hätte zustande kommen können. Gleiches ist aber auch an anderen Vögeln in freier Natur zu beobachten.

Und nicht nur an Vögeln. Georg Rüppell (1969) beobachtete auf Spitzbergen, wie eine Eisfuchsmutter, die einen Nahrungsbrocken trug, von ihren Jungen bettelnd angesprungen wurde und daraufhin den Brocken fallen ließ. Dann aber stieß sie einen Warnschrei aus, die Jungen verschwanden zwischen den Felsen, und die Fähe fraß den Brocken selbst auf. Das wiederholte sich in mehreren Fällen. Tiere können also unter Artgenossen ein akustisches Warnsignal gezielt missbrauchen und sich dadurch einen individuellen Vorteil auf Kosten anderer verschaffen. Zum Normalverhalten kann das aber nicht werden, denn die Getäuschten werden bald misstrauisch. Ein Eisfuchsjunges wich schließlich der warnenden Mutter aus, kam aber geduckt mit an die Hinterbeine gedrücktem Schwanz zurück und reagierte auf einen erneuten Warnruf nicht mehr. Durch häufigen Missbrauch wird der Warnruf abgewertet und funktioniert dann auch im Ernstfall nicht. Das heißt, gezieltes Täuschen kommt unter Tieren zwar vor, bleibt aber gemäß frequenzabhängiger Selektion auf Einzelfälle beschränkt. „Lügner" behindern sich schließlich untereinander und stören die in einer Sozietät wesentliche Kommunikation. Meerkatzen allerdings unterscheiden Individuen an der Stimme und reagieren nur auf „unzuverlässige" Warner nicht mehr.

Zur Täuschung zählt selbstverständlich auch das Bluffen vor Rivalen, das – wie schon besprochen – zum festen Bestandteil der Auseinandersetzung zwischen Rivalen geworden und eben deswegen gegen Unterlassung gesichert ist. Ebenso teuer kann es zu stehen kommen, sich anmerken zu lassen, wie lange man noch durchhalten kann. Denn das kann einen ebenfalls schon müden Rivalen veranlassen, noch einmal alle Kräfte zu sammeln.

Ganz generell wird im Tierreich ein Signal gesendet, weil der Sender von der Reaktion, die der Empfänger auf das Signal bringt, einen Vorteil für sich erwartet. Der Sender zielt also auf eine Manipulation des Empfängers, und dabei bewährt sich jedes Mittel, das diesen Effekt bewirkt. Der Signalempfänger seinerseits wird möglichst solche Signalbeantwortungen unterlassen, die ihm Nachteile bringen. Aus der Tendenz des Senders, den Empfänger zu manipulieren, und der Tendenz des Empfängers, Signale nur zu beantworten, wenn es auch ihm nützt, ergibt sich – sozusagen als Kompromiss – der effektive „Wahrheitsgehalt" in der Kommunikation.

9.4.1 Soziale Mimikry

Alle Tiere sind in der Natur einem ständigen Einfluss von Sinnesreizen ausgesetzt, von denen nur ein kleiner Teil für sie interessant ist, sie etwas angeht. Signale zur Verständigung unter Artgenossen entstehen in der Evolution dadurch, dass der Sender auf das eingeht, was den Empfänger interessiert. „Neue" Signale beginnen ihre Evolution mit einer mimetischen, das heißt den Empfänger täuschenden Phase, indem ein existierendes Signal in neuem Zusammenhang erscheint und so die dadurch ausgelöste Reaktion des Empfängers aus der ursprünglichen in eine andere, dem Sender nützliche Funktion umlenkt (Wickler 1966, 1967).

Zum Beispiel halten männliche Prachtfinken bei der „Halmbalz" einen auffälligen Grashalm im Schnabel, Reiher und Störche winken mit einem Zweig, und „erinnern" ein Weibchen damit an den Nestbau. Paarungswillige Vogelweibchen gebärden sich wie ein bettelnder Nestling, um das Männchen zur Kopula zu locken.

Die Evolution einer solchen Signalnachahmung lässt sich gut an Tanzfliegenarten ablesen, deren auf und ab wogende Schwärme bei uns in schattigen Wäldern zu beobachten sind, die kleinen *Hilara*-Arten meist dicht über Bächen und Tümpeln. Die ursprünglichen Tanzfliegen leben von Insekten, die sie im Flug fangen. Das können auch Artgenossen sein. Zu seiner eigenen Sicherheit fängt darum ein Männchen auf Brautschau zuerst ein anderes Insekt, zeigt es zwischen seinen Beinen und übergibt es dem Weibchen bei der Paarung. Um die zappelnde Beute stillzuhalten, umspinnen *Hilara*-Männchen sie mit einigen Seidenfäden. Weibchen halten deshalb Ausschau nach Männchen mit hellen Seidenfäden an den Füßen. Infolgedessen konkurrieren Männchen um Weibchen mit immer auffälligeren Seidengespinsten, in denen dann auch ungenießbare Objekte stecken können. Männchen von *Hilara granditarsus* fliegen sogar mit einem beeindruckenden, aber völlig leeren Seidenballon umher. Nicht immer wird dieses Geschenkpaket dem Weibchen dann auch übergeben; manche

Männchen benutzen es nach einer Paarung zum Anlocken weiterer Weibchen. Als Extrem sind am mittleren Beinpaar der Männchen von *Rhamphomyia scaurissima* merkwürdige Auswüchse und Knoten entstanden, die eine dort getragene Beute simulieren (Sivinski 1997).

Auch der Körper einiger Säugetiere weist täuschende Signale auf. Weibliche Mantelpaviane entwickeln für die Männchen als Anzeichen ihrer Brunstphase sehr auffällige rote Schwellungen um After und Geschlechtsöffnung. Erwachsene männliche Mantelpaviane entwickeln ein ebenso auffällig rotes Hinterteil, aber nicht als sexuelles, sondern als beschwichtigendes Sozialsignal, das sie in spannungsgeladenen Situationen oder als Gruß einem Höherrangigen präsentieren und so seine Aggression ablenken. Auch andere Affenarten imitieren in dieser sozialen Funktion weibliche Brunstsignale am Männchen (Wickler 1967; Film: Wickler 1973).

Umgekehrt imitiert die weibliche Fleckenhyäne (*Crocuta crocuta*) an ihrem Körper das männliche Geschlechtsorgan so perfekt, dass man die Geschlechter an Penis und Hoden nicht unterscheiden kann. Als einziges bekanntes Säugetier kann das Fleckenhyänenweibchen von Jugend auf den Pseudopenis voll erigieren. Penis und Pseudopenis sind in dieser von Weibchen dominierten Sozietät ein wichtiges Rangordnungssignal, ständig eingesetzt zum Grüßen zwischen allen Gruppenmitgliedern. Für Weibchen ist das durchaus folgenträchtig, denn ihre Schamlippen sind zum Pseudo-Hodensack verwachsen, eine Vulva fehlt, und stattdessen mündet der Urogenitalkanal durch die Klitoris, durch die hindurch das Männchen kopulieren muss und die Jungen geboren werden. Das hat einerseits zur Folge, dass Kopulationen nur mit vollem Einverständnis des Weibchens möglich sind, andererseits ihr Pseudopenis bei der ersten Geburt seitlich aufreißt und eine große, infektionsgefährdete Wunde bildet, die nur langsam heilt. Bei Erstgebärenden führt das oft zur Totgeburt, womit sie etwa 5 % ihres Lebensfortpflanzungserfolgs einbüßen (East, Hofer, Wickler 1993). Auch daran kann man erkennen, wie stark sich Evolutionsschritte im Sozialverhalten auf das gesamte Individuum auswirken.

9.5 Die Älteren ehren

Eine generelle Funktionsaufteilung zwischen jungen und alten Individuen ergibt sich automatisch bei allen Erfahrungen sammelnden, lernfähigen Organismen. Würden nur alte Erfahrungen durch neue ersetzt, wäre wenig erreicht. Erfahrungen müssen gespeichert und neue hinzugewonnen werden. Da sich Erfahrungen automatisch mit der Zeit bei dem ansammeln, der sie macht, sind die älteren Individuen zwangsläufig die erfahreneren. Die unvoreingenommenen, neugierigen Jungtiere neigen dazu, an Neuem zu experimentieren. Dieser Generationenunterschied ermöglicht es, in einer Art Aufgabenteilung neue Erfahrungen zu machen und die schon gemachten Erfahrungen zu bewahren.

An Tieren, die in Gruppen aus mehreren Generationen zusammenleben, haben verschiedene Forscher beobachtet, dass Jungtiere vieles ausprobieren, wobei ihre Eltern und manchmal auch erfahrene andere Erwachsene zuschauen, zuweilen schützend eingreifen, oft aber nicht das über-

9 Typische Konfliktsituationen in tierischen Sozietäten

nehmen, was die Jungen herausgefunden haben. Das Alter macht – als Spezialisierung – konservativ.

Die soziale Rolle der erfahrenen Alten im täglichen Leben der Mantelpaviane hat Hans Kummer (1968) ausgiebig untersucht. Die wichtigsten Mitglieder in einem Paviantrupp sind die kräftigsten Männchen, die in der Rangordnung ganz oben stehen und Vorrang an Leckerbissen und brünstigen Weibchen haben. In der Gruppe laufen auch fast zahnlose Alte mit, die niemandem etwas streitig machen und von den anderen weder vertrieben noch übervorteilt werden. Beim morgendlichen Aufbruch vom Schlafplatz gehen einige Unternehmungslustige los, bleiben aber bald stehen, wenn die übrigen ihnen nicht folgen, oder kehren wieder um und machen einen anderen Richtungs-„Vorschlag". Erst, wenn die alten Männchen mitgehen, folgen alle. Obwohl die jungen, starken Männchen im Trupp vorangehen, entscheiden also die alten Männchen, wohin der Trupp morgens zur Nahrungssuche auszieht und welcher Weg abends zum Schlafplatz gewählt wird. Begegnet dem Trupp unterwegs etwas Unerwartetes, das Zweifel auslöst, oder blockiert nach plötzlichem Regen ein überschwemmter Flusslauf den bekannten Weg, so setzen sich die üblichen Anführer einfach nieder (stellen gewissermaßen ihr Amt zur Verfügung) und warten ab, bis einige ganz Alte ihre Erfahrungen ausnutzend einen für die anderen ungewohnten Ausweg oder Umweg einschlagen. Die Alten dienen als „Rat der Weisen".

Das ist – sogar mit dieser funktionellen Begründung – bei manchen Naturvölkern (Buschleute, australische Ureinwohner, Eskimos) ebenso; Tibeter haben eigene Gesänge, in denen betont wird, Greise seien wegen ihrer Lebensweisheit und Erfahrung mit Achtung und Ehrfurcht zu behandeln. Entsprechend wird im Dekalog nicht gefordert, die Eltern zu lieben, sondern sie zu ehren. Das Verbum, das dazu benutzt wird, ist *kabbēd* und kommt nur im Zusammenhang mit Personen und Dingen vor, die einen sakralen Charakter haben (zum Beispiel der König, der Weise). Und der nur diesem Gebot angefügte Zusatz, „auf dass es dir wohl ergehe und du lange lebest auf Erden", wird schon an tierischen Sozietäten biologisch verständlich.

Die Aufgabe der Alten, Erfahrungen zu konservieren, ändert sich, sobald es extrazerebrale (außerhalb des Gehirns befindliche) Speicher gibt. Davon macht der Mensch seit Jahrtausenden ausgiebig Gebrauch. In Bild und Schrift lässt sich Wissen unbegrenzt ablegen, unverändert aufbewahren, schnell und gezielt abfragen. Die Älteren können nun Querverbindungen zwischen Erfahrungen suchen, Systemforschung betreiben und Erfindungen bereits theoretisch ausprobieren.

Literatur

Banks CJ (1956) Observations on the behaviour and mortality in Coccinellidae before dispersal from the egg shells. Proc R Ent Soc London A 31:56–60

Baur B, Baur A (1986) Proximate factors influencing egg cannibalism in the land snail *Arianta arbustorum* (Pulmonata, Helicidae). Oecologia 70:283–287

Brown L (1970) Eagles. Barker, London

Bryant S, Jackson J (1999) Tasmania's threatened fauna handbook. Hobart, Tasmania

East ML, Hofer H (1997) The peniform clitoris of female spotted hyenas. Trends Ecol Evol 12:401–402

East M, Hofer H, Wickler W (1993) The erect ‚penis' is a flag of submission in a female-dominated society: greetings in Serengeti spotted hyenas. Behav Ecol Sociobiol 33:355–370

Fachbach G (1969) Zur Evolution der Embryonal- bzw. Larvalentwicklung bei *Salamandra*. Z Zool Syst Evol 7:128–144.

Gilmore RG, Dodrill JW, Linley PA (1983) Reproduction and embryonic development of the sand tiger shark, *Odontaspis taurus* (Rafinesque). Fish Bull 81(2):201–225

Goodall J (1986) The chimpanzees of Gombe. Harvard University Press, Cambridge

Hausfater G, Hrdy S (Hrsg) (1984) Infanticide. Aldine, New York

Ibarra NG (1985) Egg feeding by *Tegenaria* spiderlings (Araneae, Agelenidae). J Arachnol 13:219–223

Immelmann K (1962) Vergleichende Beobachtungen über das Verhalten domestizierter Zebrafinken in Europa und ihrer wilden Stammform in Australien. Z Tierzüchtg Züchtungsbiol 77:198–216

Kainz F (1961) Die *Sprache der Tiere*. Enke, Stuttgart

Kummer H (1968) Social organization of Hamadryas Baboons. University of Chicago Press, London

Kummer H, Cords M (1991) Cues of ownership in long-tailed macaques, *Macaca fascicularis*. Anim Behav 42:529–549

Kummer H, Götz W, Angst W (1974) Triadic differentiation: an inhibitory process protecting pair bonds in baboons. Behaviour 49:62–87

Lorenz K (1957) Über das Töten von Artgenossen. In: Dennert E. (Hrsg) Die Natur – das Wunder Gottes. Athenäum, Bonn

Mabelis A (1979) Wood ant wars. Brill, Leiden

Mitani JC, Watts D, Amsler S (2010) Lethal intergroup aggression leads to territorial expansion in wild chimpanzees. Curr Biol 20:R507–R508

Nishida T, Hiraiwa-Hasegawa M, Hasegawa T, Takahata Y (1985) Group extinction and female transfer in wild chimpanzees in the Mahale National Park, Tanzania. Z Tierpsychol 67:284–301

O'Gara BW (1969) Unique aspects of reproduction in the female pronghorn (*Antilocapra americana* Ord.). Am J Anat 125:217–232

Polis GA (1981) The evolution and dynamics of intraspecific predation. Annu Rev Ecol Syst 12:225–251

Rauh F (1969) Das sittliche Leben des Menschen im Lichte der Vergleichenden Verhaltensforschung. Butzon & Bercker, Kevelaer

Rüppell G (1969) Eine „Lüge" als gerichtete Mitteilung beim Eisfuchs (*Alopex lagopus* L.). Z Tierpsychol 26:371–374

Sigg H, Falett J (1985) Experiments on respect of possession and property in hamadryas baboons *(Papio hamadryas)*. Anim Behav 33:978–984

Sivinski J (1997) Ornaments in the diptera. Florida Entomol 80:142–164

Taborsky M (1985) On optimal parental care. Z Tierpsychol 70:331–336

Taborsky M (1994) Sneakers, satellites, and helpers: parasitic and cooperative behavior in fish reproduction. Adv Stud Behav 23:1–100

Thielcke G, Thielcke H (1964) Beobachtungen an Amseln (*Turdus merula*) und Singdrosseln (*T. philomelos*). Die Vogelwelt 85:46–53

Trillmich F, Wolf JBW (2008) Parent-offspring and sibling conflict in Galápagos fur seals and sea lions. Behav Ecol Sociobiol 62:363–375

Walter G, Kummer H, Angst W (1975) Schutz der Paarbindung durch Rivalenhemmung bei Mantelpavianen. Technische Informationsbibliothek Hannover, IWF-Film D 1168

Wells K (1977) The social behaviour of anuran amphibians. Anim Behav 25:666–693

Weygoldt P (1980) Zur Fortpflanzung des Erdbeerfrosches *Dendrobates pumilio*. Aquar Mag 14:460–461

Wickler W (1966) Mimicry and the evolution of animal communication. Nature 208:519–521

Wickler W (1967) Socio-sexual signals and their intraspecific imitation among primates. In: Morris D (Hrsg) Primate ethology. Weidenfald & Nicolson, London, S 69–147

Wickler W (1973) *Papio hamadryas* (Cercopithecidae) – Sozialverhalten in der Gruppe. Technische Informationsbibliothek Hannover, IWF-Film E 1916

Zuk M, Rotenberry J, Tinghitella R (2006) Silent night: adaptive disappearance of a sexual signal in a parasitized population of field crickets. Biol Lett 2:521–524

10
Die Besonderheit des Menschen

„Über den Zusammenhang der tierischen Natur des Menschen mit seiner geistigen" hieß das Thema der Disputationsvorlage für die öffentliche akademische Prüfung von Friedrich Schiller (1780). Darin fordert er, „die höheren moralischen Zwecke, die mit Beihilfe der tierischen Natur erreicht werden, zu erforschen" (§ 1), denn der Mensch „erhält sein tierisches Leben, um sein geistiges länger leben zu können" (Fußnote § 4).

Die Frage nach den Alleinstellungsmerkmalen des Menschen behandelt Jean Bruller (1966) in einer juristisch-zoologisch-moralischen Komödie. Darin spendet der Journalist Douglas Templemore Spermien für die künstliche Befruchtung eines weiblichen Wesens namens „Derry", das zum angeblichen Stamm *Paranthropus erectus* gehört, der kürzlich in Tumata auf Neuguinea entdeckt wurde und dem Aussehen nach zwischen Mensch und Gorilla steht. Derry bringt ein ziemlich affenähnliches Kind zur Welt. Douglas lässt es taufen, standesamtlich als Garry Edward Templemore eintragen, tötet es und stellt sich dem Gericht. Mithilfe vieler Spezialisten versucht man nun herauszufinden, was einen Menschen kennzeichnet, indem man ausführlich Sprache, Schmuck, Gebet und Ritus analysiert. Mit einem fraglichen Trick erkennt das Gericht den Stamm *Paranthropus* als Menschen an, beurteilt die Tötung des Garry Edward als Mord, kann das Urteil aber nicht rückwirkend auf die Tat anwenden. Templemore bleibt straffrei.

10.1 Die Besonderheit des Menschen aus biologischer Sicht

Es gibt neben dem Menschen kein bekanntes Lebewesen, welches sprechen, weit in die Zukunft planen, sich moralisch verhalten, oder bildhauerisch tätig werden kann. Dennoch war es ein Anliegen von Darwin (1871), zu zeigen, dass es keinen fundamentalen Unterschied gibt zwischen den geistigen Fähigkeiten von Menschen und höheren Säugetieren. Andererseits kann und soll sich der Mensch in Bezug auf diese Fähigkeiten aus der Gesetzmäßigkeit von organischer Evolution und Selektion befreien. Denn er hat nach eigener Einschätzung die Fähigkeit, in die Zukunft zu kalkulieren und die Folgen seines Handelns vorauszusehen. Dafür sind die Dekalog-Gebote ein wichtiger Leitfaden. Tiere sind zu generationenweiter Voraussicht nicht fähig; unter ihnen spielt sich bestenfalls jederzeit ein evolutionäres Gleichgewicht zwischen fairem und unfairem (gutem und bösem) Verhalten ein.

Durch die genetische Abstammung des Menschen von vormenschlichen Primaten und letztlich von nicht-menschlichen Säugetieren erbte er automatisch bei Tieren vorhandene genetische Programme für soziales Verhalten. So willkommen derartige Übereinstimmungen in Körperbau und Physiologie für die Medizin sind, weil sie die Verwendung der sprichwörtlichen Versuchskaninchen ermöglichen, so unwillkommen sind sie manchen Ethikern und Theologen, für die sie die Sonderstellung des Menschen beeinträchtigen. Die erblichen Programme liefern aber dem Menschen, wie Hubert Markl es einmal ausdrückte, keine Vorschriften, sondern nur Vorschläge zum Handeln, für moralisch gutes wie verwerfliches. Dazwischen unterscheiden und sich entscheiden muss jeder Mensch selbst. Und nach seinen Entscheidungen wird er von denen beurteilt, die einen verlässlichen Partner wünschen, der überlegt handelt.

Da aber liegt ein Fallstrick; Friedrich Schiller beschreibt ihn in einer berühmten Xenie „Gewissensskrupel":

Gerne dien ich den Freunden, doch tu ich es leider mit Neigung, Und so wurmt es mir oft, dass ich nicht tugendhaft bin.

Das besagt nicht, wir wären von Natur aus so konstruiert, dass tugendhaftes Handeln nur gegen die natürlichen Neigungen möglich sei. Es besagt, dass es meist einiges Überlegen erfordert, gegen natürliche Neigungen zu handeln, dass also, wer prompt gut handelt, dabei vielleicht doch nur blind einer Neigung folgt, man also nicht sicher sein kann, ob er überhaupt überlegt handeln kann und als Freund taugt.

10.1.1 Erfahrungen und Erwartungen

Alle Lebewesen sammeln Erfahrungen. Selbst Einzeller „lernen", einen öfter wiederholten harmlosen Reiz wenigstens für kurze Zeitspannen zu ignorieren (Jennings 1910).

Höher organisierte Organismen leben in ständiger Anamnese und betreiben korrelative Ursachenforschung, nach der Kant'schen Devise: „Alles, was geschieht, setzt einen Zustand voraus, auf den es gemäß einer Regel folgt" (Kant 1821). Das hat einen ökonomischen Grund. Was einem Individuum unverhofft geschieht und plötzliche Umstellung erfordert, bringt seine innere Verfassung aus der Ordnung und strapaziert die Physiologie. Bis diese sich der neuen Situation angepasst hat, vergeht Zeit, wird Energie zur raschen Umstellung verbraucht und bestehen für das Individuum oft besondere Risiken. Diese belastende Phase ließe sich verkürzen oder ganz vermeiden, wenn sich der Wechsel vorhersagen und die Umstellung rechtzeitig beginnen ließe. Ganz regelmäßige Veränderungen in der Umwelt – Tag-Nacht-Wechsel, Gezeiten im Mondrhythmus, Jahreszeiten – wurden im Laufe der Evolution in den Organismen als „biologische Uhren" verinnerlicht. Sie steuern rechtzeitig vorsorglich die lebenswichtigen physiologischen Prozesse und Verhaltensaktivitäten um. In der Umwelt existieren jedoch viele örtlich begrenzte Regelhaftigkeiten, etwa, wann ein Fressfeind auf Jagd geht und welchen Weg er gewöhnlich nimmt, wo es Deckung gibt, wo an bestimmten Tagen welche Früchte zu finden sind oder wann Regen kommt. Voranzeichen für solche Ereignisse müssen die Lebewesen vor Ort selbst herausfinden. Dazu brauchen sie ein Lernvermögen, das Vorzeichen und Geschehnisse verknüpft, im Gedächtnis speichert und es dem Individuum ermöglicht, sich künftig nach einem Ankündigungszeichen auf das nachfolgende Ereignis vorzubereiten. Das heißt, aus den gesammelten Erfahrungen werden Erwartungen gebildet, und diese machen, sofern sie häufig genug erfüllt werden, das Leben leichter und ökonomischer.

Wenn ein Tier seine Umgebung kennengelernt hat und nun seinen Erwartungen gemäß darin lebt, fühlt es sich in dieser heimischen Umgebung wohl und sicher. Ein Ortswechsel würde neues Lernen erfordern und für eine Weile Unsicherheit und Gefährdung mit sich bringen, das Leben also verteuern. Weil es sich in bekannter Umgebung ökonomischer leben lässt, bleiben viele Lebewesen ortstreu im vertrauten Gebiet, obwohl sie beweglich sind und ihnen die weite Welt offensteht. Gleiches gilt für die soziale Umwelt aus Nachbarn und Partnern der eigenen oder einer anderen Art. Selbst ein bekannter Feind oder Gegner ist weniger gefährlich als ein unbekannter. So folgt aus dem Ökonomievorteil des Bekanntseins eine adaptive Bevorzugung des Bekannten gegenüber dem Unbekannten. Und so entstehen Bindungen in Form von Ortstreue, Heimattreue, Partnertreue, Gruppentreue usw.

Die Innenansicht dieser Anpassung zeigt sich am Menschen als das Festhalten an einmal gewonnenen eigenen Einstellungen, Sichtweisen, Denkgewohnheiten und Interpretationen der Welt. Sie erlauben dem Individuum, leichter Entscheidungen zu treffen und (Vor-)Urteile zu fällen. Auch in den Wissenschaften macht man sich aus Erfahrungen ein Bild von der Welt und erliegt oft genug dem Streben, an dem einmal aufgebauten Weltbild festzuhalten, statt mit aller Kraft an seiner Widerlegung zu arbeiten, was allein Fortschritte der Erkenntnis verspricht. Erst das Unerwartete zwingt weiterzudenken; die Ausnahmen von der Regel sind Anreiz für die Forschung. Solange nur geschieht, was die Erwartungen bestätigt, besteht keine Notwendigkeit, Neues zu erfahren, ist das Leben langweilig.

Zutreffende Voraussagen machen zu können, ist selbst dann wichtig, wenn sie etwas Ungutes ankündigen. Bietet man Ratten oder anderen Tieren eine Anzahl von Lichtreizen, kunterbunt mit leichten Elektroschocks gemischt, so ergibt das eine messbare Stressreaktion. Diese fällt deutlich geringer aus, wenn dieselben Reize so geordnet werden, dass jeweils der Lichtreiz einem Schock knapp vorausgeht. An der Menge beider Reize hat sich nichts geändert, aber das Tier kann sich jetzt auf das unangenehme Ereignis einstellen.

Das Aufbauen von Erwartungen aus Erfahrungen kann sich jedoch in speziellen Fällen auch negativ auswirken und zu „erlernter Hilflosigkeit" und sogar zum Tod führen. Hunde, die man daran hindert, über eine niedrige Hürde zu springen, um einem elektrischen Schmerzreiz zu entkommen, versuchen es bald gar nicht mehr, selbst wenn man ihnen den Sprung ermöglicht. Ein Spitzhörnchen (*Tupaia belangeri*), das im Gehege von einem dominanten Partner unterdrückt wurde und schließlich hinter einem Gitter vor ihm geschützt untergebracht wird, stirbt dennoch innerhalb weniger Tage, nur weil es den Gegner weiterhin vor Augen hat (v. Holst 1969, 1998). Wenn Versuche, einem starken Stress zu entkommen, lange genug ergebnislos bleiben, kann sich Hoffnungslosigkeit, Depression und schließlich der plötzliche psychosomatische Tod einstellen. Auch ein Mensch, der davon überzeugt ist, unentrinnbar zu einem schlimmen Schicksal verdammt oder verflucht zu sein, kann daran sterben; Beispiele liefert der Voodoo-Tod bei Naturvölkern (Ellenberger 1951).

Die Erfahrung oder schon die Vorstellung, dass das eigene Wohlergehen entscheidend von Bedingungen außerhalb der eigenen Kontrolle abhängt – vom Glück, vom Schicksal, von der Laune eines Heiligen –, hemmt die Handlungsbereitschaft oder lenkt sie von Bemühungen, der nächstliegenden Umweltfaktoren Herr zu werden, ab und hin auf Versuche, die vermeintlichen Schicksalsmächte zu beeinflussen, in allen Religionen beispielsweise durch Anhäufung von Anrufungen, Opfern und Kirchenbesuchen. Dieselbe Taktik verfolgen gerade flügge gewordene Jungvögel, indem sie, auf die Erfahrung mit fütternden Eltern bauend, tagelang intensiv die Altvögel anbetteln, statt sich selbst am neben ihnen stehenden Futter zu bedienen.

Unerfüllte Erwartungen bleiben folgenlos, solange sie keinen Schaden erzeugen; aber zufällig erfüllte können zu „abergläubischem" Verhalten führen. Bringt man ein Wirbeltier in Situationen, die nur wenige Anreize zum Handeln bieten, dann kann ein äußeres Ereignis ungeplant mehrfach mit irgendeiner bestimmten Handlung des Tieres zusammentreffen, sei es ein Flügelstrecken, Augenwischen oder Wälzen am Boden. Ist dieses äußere Ereignis für das Tier positiv wichtig, dann versucht es alsbald, sich darauf einzustellen, die Situation zu manipulieren, indem es, in der Erwartung, das Ereignis zu wiederholen, dasjenige Verhalten wiederholt, das (wenn auch zunächst zufällig) mit dem erwünschten Ereignis koinzidierte. Tauben zum Beispiel gewöhnen sich unter solchen Bedingungen in einem äußerst reizarmen Käfig (Skinner-Box) durch sogenannte „operante Konditionierung" in kurzer Zeit die merkwürdigsten Stellungen und Gesten an, um ein Begehren (meist nach Futter) erfüllt zu bekommen (Kloor 2008). Ähnliches ist an zuweilen bizarren Bettelbewegungen von Zootieren zu beobachten. (Auf vergleichbare Weise können Wallfahrtsorte entstehen, wenn sich zeitnah zu ausgeführten Riten ein drängender Wunsch nach Regen oder Heilung eines Mitmenschen erfüllt.)

10.1.2 Voraussicht beim Menschen

Da die Verhaltensanlagen aller Lebewesen der Welt so beschaffen sind, dass sich sogenannte gute und böse Tendenzen gegenseitig in einem effektiven Gleichgewicht halten müssen, und da wir Menschen aus der Tierwelt abstammen, finden sich als biologisches Erbe die gleichen Verhaltensanlagen auch in uns.

Der Mensch behauptet von sich eine Sonderstellung unter den Lebewesen, weil er Gut und Böse unterscheiden kann und verantworten muss. Selbst wenn er darin keine Sonderstellung hätte, wenn alle angeblich dem Menschen vorbehaltenen Fähigkeiten auch im Tierreich vorkämen, würde ihm das allerdings die Verantwortung für sein Tun nicht abnehmen. Wichtig ist, was er kann und tun soll; unwichtig ist, ob er damit allein unter den Lebewesen dasteht. Die üblichen Floskeln „nur der Mensch kann moralisch handeln" oder „kein Tier, nur der Mensch, kann sündigen" sind beliebte, aber nutzlose Poesie. An unseren Problemen würde sich nichts ändern, wenn andere Lebewesen sie auch hätten. Im Gegenteil, es wäre hilfreich, könnten wir, wie im Bereich der Medizin, an außermenschlichen Parallelen Ursachenforschung für Misslingensfälle betreiben. Alle Erwartungen auf eine Sonderstellung des Menschen bezüglich der biologischen Grundausstattung mit Programmen für soziales Handeln sind nicht nur ungeschickt, sondern ausgesprochen kontraproduktiv. Der Mensch kann, ob als Sonderfall unter den Lebewesen oder nicht, in weitem Maße die zukünftigen Folgen seiner Handlungen im Voraus abschätzen, sogar über Generationen hinweg. Und er kann im Nachhinein kontrollieren, ob seine Einschätzungen richtig waren oder korrigiert werden müssen.

Der Mensch rühmt sich nicht nur seiner vorausschauenden Hypothesen und Theorien in Wissenschaft und Wirtschaft, er kann willentlich auch gegen seine biologisch-natürlichen Neigungen und Antriebe handeln (etwa im Hungerstreik), zumindest während eines bestimmten Lebensabschnitts. Infolge dieser Begabungen ist es unausweichlich, dass der Mensch sich Maßstäbe für sein Handeln aneignet und sein tatsächliches Verhalten daran ausrichtet. Möglich wären beliebige Maßstäbe. Praktisch jedoch sind für die Maßstäbe und für daraus entwickelte moralische Forderungen die Erfahrungswerte über die Folgen begangener Handlungen wichtig.

Ebenso wie die Folgen der Ausbreitung von Epidemien kann er auch die Folgen der Ausbreitung egoistischer, die Gemeinschaft schädigender Ideen und Taktiken im Voraus kalkulieren. Dazu braucht er nicht einmal das Gemeinwohl der Gesellschaft im Auge zu haben; er braucht nur dem Wunsch aller Eltern zu folgen, ihre Kinder und Kindeskinder mögen es einmal besser haben als sie selbst. Wenn – nach ganz evolutionsgemäßem biologischem Ansatz – jeder sein Verhalten nur auf das Wohlergehen der eigenen Nachkommen in folgenden Generationen ausrichtet, müßte er auf jedes schlechte Beispiel verzichten, das Schule machen könnte, weil darunter letztendlich auch seine eigenen Nachkommen zu leiden hätten.

10.1.3 Das Avunkulat

Wie bei vielen Tieren, so kommt der (vorn besprochene) Infantizid auch in verschiedenen Völkern vor, wenn ein Mann herausfindet, dass ein Kind seiner Frau von einem anderen Mann stammt. Schiefenhövel (1988) schildert das von den Eipo auf Neuguinea. Es gehört aber zur Besonderheit des Menschen, dass er sich, wo solche Ereignisse die Regel sind, darauf kompensierend einstellen kann. Ein Beispiel dafür ist das in verschiedenen Völkerschaften sozusagen vorausschauend eingeführte Avunkulat als spezielle Familienform.

Wie als Grundprinzp der Evolution erläutert, beruhen Verwandtenhilfe und vor allem Brutpflege auf der Wahrscheinlichkeit, dass das Erbgut des Helfenden im Hilfeempfänger davon profitiert. Die Wahrscheinlichkeit, dass zwei Individuen durch Abstammung ein bestimmtes Gen gemeinsam haben, kennzeichnet ihren Verwandtschaftsgrad. Die Wahrscheinlichkeit, dass ein Elternteil eines seiner Gene in einem bestimmten Kind wiederfindet, beträgt 0,5. Auch für Vollgeschwister, die jeweils je eine Hälfte ihres Erbgutes von denselben beiden Eltern haben, beträgt der Verwandtschaftsgrad 0,5. Vollgeschwister sind miteinander ebenso verwandt wie die Eltern mit ihren Kindern. Halbgeschwister, die nur einen Elternteil gemeinsam haben, sind miteinander ebenso verwandt wie Großeltern mit Enkeln, oder Onkel/Tante mit Neffen oder Nichten ersten Grades, nämlich 0,25.

Der genetische Verwandtschaftgrad eines Mannes mit seinem Kind beträgt 0,5. Aber seine Verwandtschaft mit einem Kind seiner Frau, das nicht er gezeugt hat, ist null. In Gesellschaften mit polyandrischen Beziehungen oder berufsbedingt langen Trennungen der Gatten wird die Unsicherheit über die Vaterschaft besonders groß, die wahrscheinliche Verwandtschaft eines Mannes mit den Kindern seiner Ehefrau also besonders gering; und Kinder der gleichen Mutter sind unter diesen Umständen oft Halbgeschwister. Wenn nun der Verwandtschaftgrad eines Mannes mit seiner Halbschwester 0,25 beträgt, weil nur die gemeinsame Mutter bekannt ist, dann beträgt er zwischen ihm und den Kindern seiner Schwester (ganz gleich von wie vielen Vätern sie stammen) 0,125. Unsichere Vaterschaft kann deshalb bei genetisch programmierter Brutpflege dazu führen, dass die Brutpflegeaufwendungen eines Mannes wahrscheinlicher seinem eigenen Erbgut zugutekommen, wenn er sie auf Kinder seiner Schwester richtet, statt auf Kinder seiner Frau; er beteiligt sich dann als Bruder der Mutter pflegend an denjenigen Kindern, die ihm genetisch mit hoher Wahrscheinlichkeit am nächsten stehen. Wo der Mutterbruder die Vaterrolle übernimmt, sprechen wir von Avunkulat (lateinisch *avunculus* für „Onkel"). Wenn unsichere Vaterschaft dafür die Grundlage ist, kann die Onkelschaft väterlicherseits nicht sicherer feststehen, das Avunkulat muss also auf den Mutterbruder beschränkt sein. Und das ist es tatsächlich. Dafür gibt es bisher keine andere athropo-soziologische Erklärung (Alexander 1979). Diese Familienform ist bisher aus dem Tierreich nicht bekannt. Ebenso unbekannt ist, mit welchen Vernunftgründen Menschen, die unter den genannten Bedingungen leben, das Avunkulat eingeführt haben.

10.2 Die Besonderheit des Menschen aus biblischer Sicht

10.2.1 Ein ökologisches Gebot

„Unterwerft euch die Erde!" Dieser Auftrag (Gen 1, 28) erging lange Zeit vor den Zehn Geboten wie ein Ur-Gebot an die biblisch ersten Menschen. Man mag über die richtige Übersetzung von „unterwerfen" streiten, weil derselbe Ausdruck auch im Zusammenhang mit Feinden benutzt und da als „zertreten" gedeutet wird. Aber vielleicht ist in beiden Fällen eher „dienstbar machen" gemeint. Jedenfalls verpflichtet dieses Gebot nach geläufiger theologischer Sicht zum pfleglichen Bewahren der Schöpfung. „Ich bin Leben, das leben will inmitten von Leben, das leben will" war das Leitmotiv von Albert Schweitzer (1923). Er predigte eine grenzenlose Ehrfurcht vor allem Leben, ließ aber dennoch das in Lambarene aufgezogene Wildschwein Josephine töten, als es anfing, Hühner zu fressen. Ebenso denkt, wer sich vornimmt, mit Gottes Schöpfung auch alle Geschöpfe zu achten, dabei selten auch an Schädlinge des Menschen wie Eingeweidewürmer oder Malaria-Erreger. Vielmehr sortieren wir die existierenden Organismen intuitiv nach unseren Interessen in nützliche und schädliche und halten Versuche für gerechtfertigt, den Pestbazillus und das Polio-Virus aus der Schöpfung zu entfernen. So eingeschränkt interpretiert machen sich auch heutige Ökologen das Gebot zum Bewahren der Schöpfung zueigen und predigen unermüdlich gegen seine allgegenwärtigen Übertretungen. Denn beides, einerseits die Notwendigkeit, in der Schöpfung die eigenen Lebensgrundlagen zu erhalten, andererseits die Tendenz, dennoch beständig dem zuwiderzuhandeln, ist seit Jahrtausenden bekannt.

Um schädlichem Zuwiderhandeln Grenzen zu setzen, wurden ehedem ökologische Regeln religiös fundiert. Nachdem die Vorfahren der Israeliten unter Pharao Ramses II. (1304–1237 v. Chr.) zu Zwangsarbeiten verpflichtet wurden, flüchteten sie geführt von Mose nach Palästina, das mannigfache Ökosysteme nebeneinander bot. In den fruchtbaren Tälern saßen die Philister, die vermutlich aus Kreta kamen und überlegene Waffen hatten (1Sam 17, 4–7). So bestand das den Israeliten verheißene Land in den ersten Jahrhunderten aus dem Hügelland, wo Milch und Honig flossen: die Milch der nomadischen Kleinviehhaltung und der Honig der vielen Wildbienen. Hätten sie nicht ihr wertvolles Nomadenvieh mitgebracht, hätten sie in der kargen Macchie – wie tausend Jahre später Johannes der Täufer – nur Heuschrecken und wilden Honig zur Verfügung gehabt. Auf diesen mageren Böden durfte man nichts falsch machen. Ein damals schon hoher Alphabetisierungsgrad begünstigte das Ansammeln von schriftlich niedergelegten Erfahrungen. Bücher waren hoch geachtet, und tradiertes Wissen wurde wie Gottes Wort respektiert. Die Priester selbst gingen neben dem Tempeldienst auch zur praktischen Arbeit aufs Land und deuteten ökologische Desaster als von Gott verhängte Strafen. So droht um 800 v. Chr. der Prophet Jesaja (7, 22), Missachtung der göttlichen Gebote würde das Land wieder in den Zustand von Milch und Honig zurückfallen lassen: „Milch und Honig essen alle, die im Land übrig geblieben sind. Jedes Grundstück, auf dem jetzt tausend Weinstöcke stehen, wird voll von Dornen und Disteln sein." Er schildert (Jes 5, 8–12) unter anderem auch die Folgen, falls man mit anderen Lebewesen die Schädlingsvertilger ausrottet: „Wehe euch, die ihr Haus an Haus reiht und Feld an Feld fügt, bis kein Platz mehr frei ist und ihr allein im Land ansässig seid. Alle eure Häuser sollen veröden, und 400 Liter Saatgut werden nur 40 Liter Ernte bringen." Die Texte und Dokumente über Israels ökologische Erfahrungen wurden ab 1000 v. Chr. in die ersten Bücher unseres Alten Testaments geschrieben. Darin waren keine sachlichen Argumente aufgelistet, sondern von Gott befohlene Glaubensinhalte. Und das Volk hielt sich daran, trotz ökonomischer Nachteile für den Einzelnen, weil der Glaube an Gott das Leben dominierte. Regeln, die sich bewährt haben oder von deren Nützlichkeit man überzeugt ist, lassen sich leichter durchsetzen, wenn sie als Gottes Gebot ausgegeben werden. Allerdings kann das Etikett *Deus vult* („Gott will es") auch abstruse Aufträge akzeptabel machen – nicht nur für Kreuzfahrer.

Unter dem modernen Stichwort „Nachhaltigkeit" wird zur Zeit in vielen Umweltdiskussionen das Thema der Langzeitnutzung behandelt, also die Taktik, nicht das Kapital anzugreifen, sondern von Zinsen zu leben, welche die Natur ausgibt. Das war immer schon aktuell, wo es um Baumbestand und Wald geht. Unter der Überschrift „Höre Israel!" lesen wir als Teil einer großen Rede des Mose im biblischen Buch Deuteronomium (Dt 20, 19): „Wenn du eine Stadt längere Zeit hindurch belagerst, um sie anzugreifen und zu erobern, dann sollst du ihrem Baumbestand keinen Schaden zufügen, indem du die Axt daran legst. Du darfst von den Bäumen essen, sie aber nicht fällen mit dem Gedanken, die Bäume auf dem Feld seien der Mensch selbst, sodass sie von dir belagert werden müssten." Mehr als ein halbes

10 Die Besonderheit des Menschen

Jahrtausend später berichten Platon (428–348 v. Chr.) und Aristoteles (384–322 v. Chr.) aus eigener Anschauung detailliert über Bodenerosion als Folge von Waldzerstörung. In seinem unvollendeten Spätwerk *Kritias* beschrieb Platon um 350 v. Chr. den Zustand kleiner Inseln, die ehedem auf den Höhen weite Wälder trugen, von denen aber nur noch Spuren übrig sind. Regen und Überschwemmungen trugen den weichen und fetten Boden weg und ließen ihn in der Tiefe verschwinden. „Und nur das magere Gerippe des Landes ist übrig geblieben, das Knochengerüst eines Leibes, der von einer Krankheit verzehrt wurde." Aristoteles erläutert im 1. Buch (14. Kapitel) seiner *Meteorologie,* wie sich im nordöstlichen Teil des Peloponnes die Argolis in der dortigen Bronzezeit bis etwa 1000 v. Chr. verändert hat: Zur Zeit des Trojanischen Krieges (etwa 1180 v. Chr.) war das Land von Mykene in gutem Zustand, wurde dann aber trocken und öde. Weitsichtig folgerte Aristoteles: „Nun geschieht, wie man annehmen muss, derselbe Vorgang, der sich in diesem kleinen Gebiet ereignet hat, auch in ganzen Ländern und in großem Maßstab".

Wie recht er hatte, daran erinnern auf der 163 km² großen Osterinsel die monolithischen Menschenfiguren, für die um 1500 alle Bäume geschlagen wurden. In Europa rodete man seit dem 6. Jahrhundert Wälder für Ackerland. Hinzu kam ein wachsender Bedarf an Brennholz und Bauholz für Häuser, Schiffe und Bergwerke. Im 16. Jahrhundert wuchs die Anzahl der Köhler, die Buchenholzkohle für die Eisenverarbeitung herstellten. Aschebrenner schufen Pottasche für die Glashütten. Georg Agricola schrieb 1556 in seinem berühmten Buch *De re metallica,* der ersten systematischen technologischen Untersuchung des Bergbau- und Hüttenwesens: „Die Erzminen zerstören Weiden und Land, denn man braucht Holz, um in den Minen zu arbeiten, und Sand, um Erz zu schmelzen. Das Bäumefällen vernichtet Vögel und Tiere, die uns als Nahrung dienen. Der Holzmangel hebt die Wohnpreise – kurz: Die Minen schaden mehr als sie nützen."

Besucher von Loch Ness in Schottlands Highlands sehen kahle Bergrücken und weidende Schafe auf krautbewachsenen runden Kuppen. Ihr Bewuchs von dichten Wäldern wurde ab 800 von den Wikingern für hölzerne Drachenboote dezimiert, die Kelten rodeten für Viehweiden, vom 12. bis zum 18. Jahrhundert wurden freie Flächen geschaffen für die Schlachten zwischen Engländern und Schotten, und dann verlangte die Industrialisierung viel Holz für Dampfmaschinen, Bergbau und zum Erzschmelzen. Nie wurde aufgeforstet.

Um solcher Vernichtung von Wäldern zu begegnen, begannen die Herzöge von Mecklenburg im 16. Jahrhundert mit Umweltschutzmaßnahmen. Dazu diente 1562 eine Anordnung zum Anpflanzen von Bäumen und zum Einbau von Stuben in die Hallenhäuser, um Brennholz zu sparen. 1660 wurde das Baumfällen genehmigungspflichtig. Ab 1700 mussten anstelle einer gefällten Eiche sechs junge Eichen oder Buchen gepflanzt werden. Und 1707 gab es zudem ein strenges Verbot, Ziegen zu halten, die zu viele Bäume kahl fraßen.

Regeln für eine waldbezogene Umweltethik sind aus biblischen Jahrtausenden über Platon und Aristoteles, über herzogliche Erlasse im 17. Jahrhundert bis heute bekannt. Heute weiß jeder, dass Tropenwälder auf den sterilsten Böden der Welt wachsen und dass, rodet man diesen Wald, in Jahrhunderten nichts mehr nachwächst. Dennoch wird der Tropenwald weiterhin abgeholzt, in einem Ausmaß, das nicht nur den Waldbestand und das Fortbestehen zahlloser Pflanzen- und Tierarten, sondern schließlich das Weltklima gefährdet. Wir kennen aus gewichtigen globalen Folgeabschätzungen, was zu geschehen droht, wenn diese Umweltpraxis weiter betrieben wird. Dass die Menschheit insgesamt dennoch (bisher) unfähig ist, dem Gebot, die Schöpfung zu bewahren, Folge zu leisten, liegt weder an Unkenntnis des Gebots noch an fehlender Einsicht in die drohenden Gefahren. Es liegt an der dem Menschen eigenen Sichtweise, einem momentanen Eigeninteresse alle ferneren Ziele unterzuordnen.

10.2.2 Die Allmende-Regelung

Wie wenig der Mensch von Natur aus geeignet ist für den biblischen Auftrag, die Schöpfung zu bewahren, wird besonders deutlich in der überall zu beobachtenden Diskrepanz zwischen Umweltbewusstsein und Umweltverhalten, zusammengefasst im Allmende-Problem. Im Hochmittelalter bezeichnete man eine Gemeinweide im Besitz einer Dorfgemeinschaft als „Almeide" oder „Algemeinde". Daraus wurde „Allmende" für Gemeinschafts- oder Genossenschaftsbesitz. Über die Landwirtschaft hinaus wird der Begriff in den Wirtschafts- und Sozialwissenschaften und den Informationswissenschaften bezogen auf Ressourcen, die durch Übernutzung bedroht sind, was schließlich auch die Nutzer selbst bedroht. Die basale Tragik der Allmende (*Tragedy of the Commons*; Hardin 1968) bestand ursprünglich darin, dass zwar festgelegt war, wie viel Milchvieh jeder Dorfbewohner auf die Gemeinweide treiben durfte, dass aber jeder, der eine Kuh mehr dort weiden ließ, den vollen Milchertrag dieser Kuh für sich hatte, während die Gemeinschaft die Kosten der abnehmenden Futtermenge trug. Die Allmende ist heute eine Rechtsform gemeinschaftlichen Eigentums (zum Beispiel als Holz-, Wasser-, Weide-, Fischerei-, Kies-, Torfrecht) und regelt die Rechte der Nutzungsberechtigten. Solche begrenzenden Rechte, deren Einhaltung überwacht werden muss, sind erforderlich als Maßnahme gegen die vielfältigen Möglichkeiten und Versuchungen, die Gemeinschaft zu betrügen und daraus eigenen Vorteil zu ziehen. Elinor Ostrom und Oliver Williamson erhielten 2009 den Wirtschaftsnobelpreis dafür, gezeigt zu haben, wie gemeinschaftliches Eigentum von Nutzerorganisationen erfolgreich verwaltet werden kann, selbst wenn Verhandlungspartner einander misstrauen und zu erwartende irreparable Schäden nicht intuitiv vorhersehbar sind. Es gibt aber Ressourcen, etwa saubere Luft oder die biologische Tragfähigkeit der Erde, deren vernünftige Nutzung – beispielsweise durch eine globale Geburtenkontrolle – wohl nie überwacht und verwaltet werden kann. Garrett Hardin sah deshalb 1968 in der Tragik der Allmende ein unvermeidliches Schicksal der Menschheit, für das es keine technologische Lösung gebe. „Niemand misst einem Besitz, der allen zur freien Verfügung steht, einen Wert bei, weil jeder, der so tollkühn ist zu warten, bis er an die Reihe kommt, schließlich feststellt, dass ein anderer seinen Teil bereits weggenommen hat" (Gordon 1954). Selten übernutzt werden privatisierte parzellierte Ressourcen, weil da die Schäden den Verursacher selbst noch zu seinen Lebzeiten treffen können. Sonst überwiegt typischerweise in Nutzen-Kosten-Abwägungen ein kurzfristig erreichbarer Vorteil die Sorge vor langfristig zu erwartenden Nachteilen, denn Abwarten verursacht Kosten, *time indeed is money*.

Wenn der Mensch der Tragik der Allmende nur durch rechtliche Regelungen und Sanktionen beikommen könnte, können dann nicht-menschliche Lebewesen die Übernutzung lebenswichtiger Ressourcen vermeiden? Diese Frage beschäftigt Evolutionsbiologen zunehmend. Es gibt zwar vielerlei Kausalzusammenhänge, die indirekt solcher Übernutzung entgegenwirken. Parasiten und Fressfeinde spielen dabei eine wichtige Rolle. Doch das berühmte Beispiel der Lemminge, die sich zur Regulierung einer Übervölkerung absichtlich ins Meer stürzen, ist eine Fehldeutung der Tatsache, dass in alle Richtungen auswandernde Gruppen an einem Gewässer angekommen zu schwimmen beginnen, aber kein anderes Ufer erreichen. Tatsächlich gehen in sehr vielen Fällen ganze tierische Populationen zugrunde, weil die natürliche Selektion eigennütziges Verhalten unbegrenzt begünstigt. Populationsbiologen können das leicht an einfachsten Organismen mit rascher Generationenfolge, etwa Bakterien oder von Wirtsorganismen abhängigen Parasiten, beobachten. Die uns tragisch erscheinenden Allmende-Folgen sind ein naturgemäßer Bestandteil der Schöpfung.

10.3 Die Seele

10.3.1 Die aristotelische Seele

Die Philosophie verfolgt eine Seelenvorstellung zurück zu Aristoteles. Auf ihn beruft sich Rhonheimer (2007, S. 52) und erklärt: „Alle Lebewesen (auch Pflanzen und Tiere) haben eine Seele. Diese Seele ist definitionsgemäß ‚Form', welche ein Seiendes eben zu dem macht, was es seiner Spezies gemäß ist." – Weil (S. 77/78) „die Tierseele nicht mehr ist als die materielle Struktur des Tierkörpers, so daß sie mit dem Tier selbst entsteht und mit seinem Tod aufhört zu existieren", „werden sowohl die Seele von Pflanzen wie auch von Tieren in aristotelischer Sicht durch Fortpflanzung weitergegeben – genau gleich wie das mit den Genen und dem genetischen Programm geschieht". Kommen demnach aus aristotelischer Sicht in Hybriden wie Teichfrosch und Wisent speziesgemäße Seelen aus zwei Arten zusammen und werden durch Fortpflanzung im Doppelpack weitergegeben? Dennoch ist für Rhonheimer (S. 78) „Seele nicht dasselbe wie ein ‚genetisches Programm', aber die Entstehung der Seele muss selbstverständlich in irgendeiner Weise der Potenzialität der Materie entsprechen. Falls sich diese Potenzialität entwickelt, oder besser: Falls sie sich durch Evolution immer fortschreitend in neuen Weisen aktualisiert, dann muss diesem Prozess auch die ‚Form', also die Seele, folgen".

Folgen muss die aristotelische Seele dann auch den verschiedenen Formen der Fortpflanzung, durch die sie weitergegeben wird, etwa wenn Tiere sich durch Körperteilung (Seesterne zum Beispiel durch abgetrennte Arme), Pflanzen durch Stecklinge oder Protozoen durch Zweiteilung vermehren. Durch Teilung vermehren sich überhaupt alle Zellen, auch in einer Zellkultur isolierte. Und fortwährend entstehen im männlichen Körper Spermatozoen. Ihnen eigen ist eine mit anderen Einzellern vergleichbare Lebensdauer, ein (durch geringe Reserven begrenzter) Stoffwechsel und eine aktive, durch äußere Reize zielgerichtete Fortbewegung. Bei Tieren mit äußerer Befruchtung (Fische und viele andere Meerestiere) bewegen sich die Spermien im freien Wasser, bei allen Säugetieren – und beim Menschen – wandern sie aktiv durch Gebärmutter und Eileiter zur Ampulle des Eileiters, wo im günstigen Fall nach dem Eisprung eine Oozyte bereit ist. Auf dem Weg orientieren sie sich an verschiedenen Außenreizen, vor allem an chemischen Lockstoffen, die von den Eizellen ausgehen. Gameten sind von der Ovulation der Eizellen und der Ejakulation der Spermien an eigenständig, nicht mehr Teile eines vielzelligen Organismus. Nach den bei Rager (1997, S. 25) angegebenen Kriterien – distinkte Einheit, abgegrenzt von anderen, Steuerung der eigenen Lebensprozesse, Reagieren auf Signale aus der Umwelt – ist das Spermium deutlich ein Lebewesen. Es lebt und hat ein ausgeprägtes Verhaltensinventar, kann sich zwar nicht selbst fortpflanzen, auch nicht durch Zweiteilung vermehren, aber beides kann ein menschliches Individuum auch nicht. Schockenhoff (2009, S. 479) nennt das Spermium „noch kein eigenes Lebewesen", lässt aber das „noch" unerklärt.

Dass Spermien (wie alle Keimzellen) nur einen einfachen (haploiden) Chromosomensatz aufweisen, ist unter Lebewesen nicht außergewöhnlich. Es gibt vollständige Organismen (Gregarinen, Sporozoen, manche Flagellaten, einfache Algen und die allbekannten Moospflänzchen), die in allen Zellen nur einen einfachen (haploiden) Chromosomensatz enthalten. (In der diploiden Zygote dieser Haplonten wird vor der Weiterentwicklung der doppelte Chromosomensatz halbiert.)

Wegen ihrer artspezifischen ontologischen Identität, weil es ein „Funktionieren ohne Seele, das heißt ohne einheitliches, formgebendes Lebensprinzip, nicht geben könnte", und weil die Seele „ein Seiendes eben zu dem macht, was es seiner Spezies gemäß ist", muss der Metaphysiker den Spermien eine aristotelische Seele zusprechen. Er sollte mit seinem Gedankengebäude von formgebender Seele auch das Seelengemenge begreifbar machen, das entsteht, wenn bei einer „Xenotransplantation", tierische Zellen oder Organe auf den Menschen übertragen werden, gegebenenfalls von genetisch entsprechend vorbereiteten (transgenen) Spendertieren. Was dabei mit der personalen Identität des Menschen in Körper, aristotelischer Seele und Geistseele geschieht, ist auch theologisch von Bedeutung.

10.3.2 Die Seele in der Evolution

Philosophisch wird Evolution verstanden als ein Prozess immer neu aktualisierter Potenzialität der Materie, ein Prozess, dem die Seelen folgen und als formgebendes Lebensprinzip das speziesgemäße Funktionieren der Organismen bewirken. Demnach gibt es eine Seelenevolution. Für Philosophen und Theologen spielt aber nicht die Evolution der Lebewesen, sondern das Phänomen Leben die Hauptrolle. Nach einer Kindergarten-Systematik unterteilen sie die Lebewesen in „Pflanze, Tier, Mensch; diese drei Reiche sind wesenhaft unterschieden" (Schönborn 2007, S. 65). Schönborn benennt den wesenhaften Unterschied nicht, meint aber eine Seite später, wenn es für die heutigen Lebewesen einen einheitlichen Ursprung gab, „dann müsste es doch zahllose Zwischenstufen geben, man hat sie aber bisher nicht gefunden". Tatsächlich existieren sie, entgehen jedoch einer metaphysischen Erkenntnis, die sich auf wenige repräsentative Organismen beschränkt. Wer die Schöpfung interpretiert, sollte sie mindestens in ihren Grundzügen kennen: Die Biologie unterscheidet fünf Reiche von Organismen, darin 17 Stämme der Bakterien, 27 Stämme der Einzeller, Algen und Schleimpilze, fünf Stämme der echten Pilze, zehn Stämme der Pflanzen und 33 Stämme der Tiere. Die Tiere umfassen außer den Wirbeltieren 32 weitere Stämme. Wirbeltiere, auf die sich Philosophen zumeist beziehen, wenn sie über Tiere argumentieren, bilden nur 6 % der vielen Millionen von Tierarten.

Als ein Beispiel für Übergangsformen gingen vor 220 Mio. Jahren aus Reptilienahnen Eier legende Säugetiere (Monotremata) hervor, von denen sich Schnabeltier (*Ornithorhynchus anatinus*) und Ameisen- oder Schnabeligel (Tachyglossidae) bis heute erhalten haben. Nach dem Legen bebrüten die Weibchen die Eier rund zehn Tage lang, Schnabeltiere in einem Nest aus Pflanzenmaterial im Erdbau, in dem die geschlüpften Jungen etwa fünf Monate bleiben. Ameisenigel erbrüten ihre Eier in einem Brutbeutel am Bauch. Die Jungen durchbrechen die ledrige Eischale mit einem Eizahn (wie Vogelküken), verlassen den Beutel nach sieben bis acht Wochen und werden dann ebenfalls in ein Nest abgelegt, wohin die Mutter alle fünf bis zehn Tage zum Säugen kommt. Monotremen saugen die Muttermilch nicht aus Zitzen, sondern lecken sie von Haaren auf Drüsenfeldern am Bauch der Mutter ab.

In der Gesamtheit der Organismen sind die von Kardinal Schönborn vermissten Zwischenstufen ausreichend zu finden und für den Schulunterricht auf Schautafeln dargestellt. Die Zwischenstufen zwischen einer Kuh und dem Gras, von dem sie frisst, beginnen in den sehr einfachen Lebewesen, bei denen die Merkmale der Pflanzen und der Tiere in jedem denkbaren Mischungsverhältnis vorkommen. Zwischenformen kann man aber auch ganz „oben" unter tierischen Primaten und Hominiden finden, bisher so viele, dass eine biologische Abgrenzung des Menschen Ermessenssache wird.

10.3.3 Die menschliche Geistseele

„Der Mensch besitzt als das für sein ganzes Wesen eigentümliche, wesengebende, konstitutive Prinzip eine geistige, einfache, substanzielle ‚Seele', die… wesentlich von der Materie verschieden, in Sein und Sinn von ihr innerlich unabhängig… und von ihrem Wesen her unsterblich ist" (Rahner 1961, S. 23). Rhonheimer (2007 S. 72) betont: „Gemäß aristotelischer Naturphilosophie ist die ‚Form' (*morphê*) der Lebewesen gerade die ‚Seele' (*psychê, anima*); im Falle des Menschen handelt es sich um eine Geistseele", eine nach Lehre der katholischen Kirche „unmittelbare Schöpfung der menschlichen Seele bei jedem menschlichen Zeugungsakt" (S. 62), während „die Pflanzen- und Tierseelen dadurch entstehen, dass sie aus der Potenzialität der Materie „eduziert" werden" (S. 64).

Dass Gott eine Geistseele nur bei jedem Zeugungsakt des Menschen (wohl auch bei jeder künstlichen Besamung von Eizellen in der Petrischale) erschafft, genügt nicht; denn wenn sich eine befruchtete Eizelle nachträglich ungeschlechtlich zu eineiigen Zwillingen vermehrt, hat doch wohl jeder von ihnen eine individuelle Geistseele.

Da die Tierseelen durch Fortpflanzung weitergegeben werden und der Mensch biologisch aus dem Tierreich hervorgegangen ist, müssen folglich auch noch im Tier-Mensch-Übergangsfeld die Arten jeweils Seelen von der Vorgängerart erhalten haben. „Biologisch genügt es, auch den menschlichen Organismus gleich dem eines anderen Lebewesens zu betrachten und hier gilt, daß die Tierseele nicht mehr ist als die materielle Struktur des Tierkörpers (…), so daß sie mit dem Tier selbst entsteht und mit seinem Tod aufhört zu existieren" (Rhonheimer 2007, S. 77). Irgendwo in diesem evolutionären Übergangsfeld muss dann auch die unmittelbare Schöpfung jeder individuellen menschlichen Geistseele eingesetzt haben, „der Mensch besitzt demnach eine Art Doppelnatur" (S. 63).

Das geschah nach Rhonheimer (spätestens?) im Übergang zur Art *Homo sapiens*. „Deshalb brauchen wir ja auch, um festzustellen, ob ein Individuum eine Person ist, nicht zu wissen, ob es schon eine Geist-Seele besitzt, sondern nur, daß es der biologischen Spezies *Homo sapiens* angehört; daraus dann können wir – metaphysisch – schließen, daß es eine Person ist und deshalb natürlich auch eine Geist-Seele „besitzt"; denn die Seele ist ja definitionsgemäß „Form", welche ein Seiendes eben zu dem macht, was es seiner Spezies gemäß ist" (Rhonheimer 2007, S. 52). Nach diesem Konzept gibt folglich auch der Mensch eine biologische Seele an seine Nachkommen weiter, die dann eine individuelle Seele göttlichen Ursprungs direkt vom Schöpfer erhalten (unklar, ob zusätzlich oder als Ersatz für die biologische).

Ein Mensch besitzt eine Geistseele, wenn er der – genetisch definierten! – Spezies *Homo sapiens* angehört; anders lässt sich für Philosophen und Theologen das Vorhandensein dieser Seele nicht erkennen. Voneinander und von Prähominiden sind die heutigen Menschen biologisch-genetisch zu unterscheiden, philosophisch oder theologisch nicht. Dennoch bemühen Geisteswissenschaftler nicht die Genetik, um zu klären, wer ein *Homo sapiens* ist. Sie benutzen „das grundlegende Definitionskriterium, wonach ein Mensch von Menschen abstammen muß", wie Wolfgang Frühwald 1994 in seinem Vortrag über Theologie als Wissenschaft (am Georgianum München) feststellte. Dieses „Kriterium" ist in der Praxis nur anwendbar, wenn die Mutter eines Individuums als Mensch bekannt ist; würde einmal ein Yeti gefunden, wäre es nutzlos. Und unsinnig ist es im Hinblick auf die Evolution. *Homo generat hominem*: „Der Vorfahre des Menschen ist der Mensch" (Westenhöfer 1935). Ist er aber nicht, weder biologisch noch theologisch. Da die ersten Menschen entweder direkt von Gott geschaffen wurden oder von Primatenvorfahren abstammen, erfüllen weder sie noch wir als ihre Nachkommen das philosophische Definitionskriterium; so philosophisch betrachtet gäbe es den Menschen gar nicht.

In ihrem Konzept von der Evolution der Spezies-Seele berücksichtigen Geisteswissenschaftler merkwürdigerweise bestenfalls die genetische (organische) und nicht auch die aus dem Tierreich erwachsende kulturelle Evolution, die ihnen eigentlich näher liegen sollte. Sie ordnen gewöhnlich und ohne klare Begründung Tradition, Kultur und Sprache eher der Geistseele zu.

10.3.4 Die unsterbliche Seele

Philosophisch und theologisch gilt der Mensch von Anfang an, ab der Zygote, als Einheit aus Leib und Seele. Nach philosophischer Argumentation gehört zur Geistseele ihre Unsterblichkeit. Das geht auf Platon zurück, drang im 3. Jahrhundert ins Christentum ein und wurde 1515 auf dem 5. Laterankonzil zum katholischen Dogma erhoben: „Die Kirche lehrt, dass jede Geistseele... unsterblich ist: sie geht nicht zugrunde, wenn sie sich im Tod vom Leibe trennt" (K 366)[1]. Dieser Tod tritt bei den meisten Menschen schon vor der Geburt ein. Denn 50 % aller befruchteten Eizellen können sich aufgrund von Chromosomendefekten und Störungen im Zellaufbau nicht zu einem normal gesunden Menschen entwickeln und sterben ab. Von den intakten Embryonen werden 55 % spontan abgestoßen, ehe die Schwangerschaft erkannt ist, und weitere 15 % noch zwischen der sechsten und 28. Woche. (Medizintechnisch wäre es heute möglich, den mütterlichen Körper zur Annahme zu zwingen und viele der spontanen Embryonen-Abstoßungen zu verhindern. Welche Folgen hätte das? Wenn man Wert und Würde des Individuums ab Zygote betont, mit welchen Argumenten kann man diese künstliche Rettung individuellen menschlichen Lebens unterlassen?)

Insgesamt durchlaufen 80 % der befruchteten menschlichen Eizellen keine vollständige Entwicklung, und die allermeisten Menschen werden gar nicht geboren. Nach amtskirchlicher Lehre kann also die überwiegende Mehrheit der Seelen in der seligen Ewigkeit nie zu einer selbstständig atmenden und handelnden, lebenserfahrenen Person gehört haben. (Ihnen bleibt viel erspart, „denn der sterbliche Leib ist ein Hindernis für die Seele"; Weish 9, 15.) Die aus erwachsenen, schuldfähigen Menschen stam-

---

[1] Wörtliche Zitate aus dem *Katechismus der Katholischen Kirche* (1993, Oldenbourg, München) sind als K mit der betreffenden Artikel-Nummer gekennzeichnet.

menden Seelen bilden nur eine kleine Minderheit. Allerdings spekulieren einige Theologen für diejenigen Seelen, die ungetauft, aber ohne eigenes Verschulden vom Himmel ausgeschlossen sind, mit einem gesonderten Aufenthalt (genannt „Limbus"). Sie überlassen es einem Geheimnis des Allmächtigen, die Knitterfalten an den Konzepten von Erbsünde, Erlösung und Taufe auszubügeln. „Ob denn das ewige Reich Gottes… mit Seelen erfüllt sei, die nie zu einer personalen Lebensgeschichte gelangt sind", fragte auch der glaubenstreue Karl Rahner (2004, S. 52); er könne „die Lehre von *Humani generis*, daß der menschliche Leib aus dem Tierreich stamme, aber die Seele von Gott geschaffen sei, nicht mehr so dualistisch interpretieren, wie sie doch zunächst klingt".

Literatur

Agricola G (1556) De re metallica. Frobenius, Basel

Alexander R (1979) Darwinism and human affairs. University of Washington Press, Seattle

Aristoteles (1923) Meteorologica. Clarendon, London

Bruller JM (1966) Zoo oder der menschenfreundliche Mörder. Henschel, Berlin

Darwin C (1871) The descent of man and selection in relation to sex. Murray, London

Ellenberger H (1951) Der Tod aus psychischen Ursachen bei Naturvölkern (Voodoo Death). Psyche 5:333–344

Gordon H (1954) The economic theory of a common-property resource: the fishery. J Political Econ 62:124–142

Hardin G (1968) The tragedy of the commons. Science 162:1243–1248

Jennings H (1910) Das Verhalten der niederen Organismen. Teubner, Leipzig
Kant I (1821) Vorlesungen über die Metaphysik. Keysersche Buchhandlung, Erfurt
Kloor K (2008) Klassisches und operantes Konditionieren. Grin, München
Platon (1940) Kritias; sämtliche Werke III. Lambert Schneider, Berlin
Rager G (Hrsg) (1997) Beginn, Personalität und Würde des Menschen. Alber, Freiburg
Rahner K (1961) Die Hominisation als theologische Frage. In: Overhage P, Rahner K (Hrsg) Das Problem der Hominisation. Herder, Freiburg, S 13–90
Rahner K (2004) Von der Unbegreiflichkeit Gottes. Herder, Freiburg
Rhonheimer M (2007) Neodarwinistische Evolutionstheorie, Intelligent Design und die Frage nach dem Schöpfer. Imago Hominis 14:47–81
Schiefenhövel W (1988) Geburtsverhalten und reproduktive Strategien der Eipo. Reimer, Berlin
Schiller F (1780) Über den Zusammenhang der tierischen Natur des Menschen mit seiner geistigen, 2. Aufl. 1811. J. Bapt. Wallishausser, Wien
Schiller F (1962) Sämtliche Werke I. Hanser, München
Schockenhoff E (2009) Menschenwürde und Lebensschutz. Theologische Perspektiven. In: Rager G (Hrsg) Beginn, Personalität und Würde des Menschen. Alber, Freiburg, S 445–533
Schönborn C (2007) Ziel oder Zufall? Schöpfung und Evolution aus der Sicht eines vernünftigen Glaubens. Herder, Freiburg
Schweitzer A (1923) Kultur und Ethik. Beck, München
von Holst D (1969) Sozialer Stress bei Tupajas (*Tupaia belangeri*). Die Aktivierung des sympathischen Nervensystems und ihre Be-

ziehung zu hormonal ausgelösten ethologischen und physiologischen Veränderungen. Z vergl Physiol 63:1–58

von Holst D (1998) The concept of stress and its relevance for animal behavior. Adv Study Behav 27:1–131

Westenhöfer M (1935) Das Problem der Menschwerdung. Nornen, Berlin

11
Die Herkunft des Menschen

11.1 Die Herkunft des Menschen aus biologischer Sicht

Wie Fossilfunde zeigen, begann das Leben auf der Erde vor etwa vier Milliarden Jahren. Bakterien lassen sich drei Milliarden Jahre zurückverfolgen. Mehrzellige Lebewesen gibt es seit 700 Mio. Jahren, Schnecken, allerlei Würmer, Krebse, Fische seit 500 Mio., Amphibien seit 400, Reptilien seit 300, Säugetiere seit 200, Vögel seit 180, Blütenpflanzen und Primaten seit 100 Mio. Jahren. Vor acht bis sieben Millionen Jahren trennten sich die Gorilla-Ahnen von den übrigen Hominiden, und vor 6,5 Mio. Jahren trennten sich – aus einer Gesamtpopulation von höchstens 96 000 Individuen – die *Homo*-Ahnen (*Australopithecus* genannt) von den Schimpansen-Ahnen. Letztere spalteten sich vor einer Million Jahren in Schimpansen und Bonobos.

Heute leben in Afrika moderne Menschen zur gleichen Zeit und am gleichen Ort nebeneinander mit Gorillas und Schimpansen. Ebenso lebten vor vier bis drei Millionen Jahren in Afrika außer Ur-Gorillas und Ur-Schimpansen verschiedene Vormenschenarten gleichzeitig. Die von den Paläoanthropologen in verschiedene zoologische Gattungen gestellten *Paranthropus boisei* und *Homo rudolfensis* zum Beispiel waren im heutigen Malawi Nachbarn. Die wachsende Menge an relativ gut erhaltenen Knochen, die man findet, verraten eine große Anzahl von verschiedenen Vor- und Urmenschenformen, allesamt aus Afrika, die sich nur mühsam systematisch ordnen lassen. Man muss vermuten, dass diese Menschenformen oder -arten zuvor ein sexuelles Kontinuum gebildet haben.

Offenbar waren hominide Primaten ein ähnlicher „Treffer" der Evolution und haben sich, wie etwa die Antilopen, auf diverse Ernährungsweisen in unterschiedlichen ökologischen Zonen spezialisiert. Vor etwa fünf Millionen Jahren existierten im westlichen und nordöstlichen Afrika mindestens vier geographische Varianten des bereits aufrecht gehenden *Australopithecus*. Sie lebten in Gruppen mit jeweils 20 bis 25 Individuen am Rande der Grassavanne, ernährten sich schon von totem Fleisch, waren aber noch keine Jäger. Aus einer dieser Varianten spalteten sich vor 2,5 Mio. Jahren die ersten Vertreter der Gattung *Homo* ab. *Homo habilis* und *Homo rudolfensis* besaßen ein deutlich größeres Gehirn als ihre Vorläufer und sind Repräsentanten der frühesten Steinwerkzeug-Kulturen. Hammerwerkzeuge zum Aufbrechen harter Nüsse sowie scharfkantige Steinabschläge zum Zerlegen von Tieren erschlossen ihnen neue Hauptnahrungsquellen.

Wie Funde belegen, breitete sich *Homo habilis* in die südlichen Zonen Afrikas aus, *Homo rudolfensis* blieb im östlichen tropischen Afrika und steht am Ursprung der modernen Menschheit. Aus ihm entstanden vor zwei Millionen Jahren die ersten völlig aufrecht gehenden Frühmenschen (*Homo erectus*). Sie verwendeten Feuer, hantierten geschickt mit verschiedenen einfachen Werkzeugen und verfügten über Jagdtechniken. In Afrika lebten sie bis vor 40 000 Jahren, zogen aber aus diesem Kontinent auch nach Asien und weiter nach Europa. (Insgesamt existierte die Form *Homo erectus* mehr als zehnmal so lange, wie es bislang den *Homo sapiens* gibt.) Soweit rekonstruierbar, muss schon ihr Leben in erfolgreichen sozialen Gruppen gemäß den wesentlichen Forderungen des ethischen Dekalogs verlaufen sein. Ein Schädel eines alt und zahnlos gewordenen *Homo erectus* beweist, dass er jahrelang von anderen versorgt wurde.

Aus dem afrikanischen Zweig des *Homo erectus* entstand vor einer Million Jahren vermutlich in Nordafrika der Altmensch (*Homo heidelbergensis*). Er erreichte vor 900 000 Jahren Europa. Mit hervorragend gearbeiteten hölzernen Wurfspeeren jagte er in Gruppen Großwild. Bereits vor 500 000 Jahren konnten sich diese Altmenschen offenbar sprachlich verständigen. Vor 300 000 Jahren gab es schätzungsweise eine Million Menschen (Kremer 1993). In einer weiteren Aufspaltung entstand im eiszeitlichen Europa aus dem *H. heidelbergensis* vor etwa 400 000 bis 200 000 Jahren der Neandertaler, *Homo neanderthalensis*. Neandertaler fertigten vielfältige Werkzeuge aus Stein, Holz und Knochen, Schmuck aus Tierzähnen, Kleidung aus Tierfellen, jagten Mammute und Wollnashörner, verteidigten sich gegen Höhlenbären, beherrschten das Feuer, hatten sicherlich eine Sprache, mit der sie Erfahrungen weitergeben konnten, sorgten für Alte und Gebrechliche, bestatteten ihre Toten und gaben ihnen Grabbeigaben mit. Die typischen Merkmale des Menschen traten während der Menschwerdung nacheinander in Zwischenräumen von Millionen Jahren auf (Schrenk, Bromage 2002).

Neandertaler breiteten sich vor 110 000 Jahren nach Süden bis in die Levante aus. In Afrika waren erst vor etwa 500 000 bis 200 000 Jahren die modernen Menschen, *Homo sapiens*, entstanden. Sie erweiterten ihren Lebensraum in nördlicher Richtung, trafen in der Levante auf die Neandertaler und lebten bis vor rund 50 000 Jahren neben ihnen. Beide besaßen ähnliche geistige und kulturelle Fähigkeiten, lernten voneinander Methoden der Werkzeugherstellung, und sie haben sich dort gelegentlich gepaart und fruchtbare Nachkommen gezeugt. Dadurch gelangten Gene der ortsansässigen Neandertaler in das Erbgut des modernen Menschen (Green et al 2010, Gibbons 2011). In heute lebenden Menschen stammen bis zu 6% der DNS vom Neandertaler. Dieses genetische Neandertaler-Erbe tragen alle Europäer und Asiaten in sich sowie auch die Ureinwohner Amerikas und Ozeaniens, die nie mit Neandertalern Berührung hatten. Zur Vermischung kam es also mindestens einmal im Zeitraum von vor 100 000 bis vor 50 000 Jahren im östlichen Mittelmeerraum, noch bevor die *Homo-sapiens*-Population sich über Eurasien hinaus am weitesten auf der Erde ausbreitete. Südlich der Neandertaler gebliebene Völker Afrikas tragen kein Neandertaler-Erbgut in sich, können sich aber mit anderen Frühmenschenformen im südlichen Afrika vermischt haben. Neandertaler sind vor 30 000 Jahren von der Erde verschwunden, der *Homo sapiens* entwickelte Kunst, Schrift auf Tontafeln, kulturelle Bildung und deren Vermittlung durch Tradition bis in unsere Tage.

Mit dem Neandertaler nah verwandt und ebenfalls ausgestorben ist der Denisova-Mensch, der vor 80 000 Jahren in Südsibirien und Südostasien lebte. Geringe Prozentsätze seines Genoms finden sich in modernen Bewohnern Südostasiens und Melanesiens (Meyer et al 2012). Der heutige

Homo sapiens ist also genetisch nachweislich (und kulturell wahrscheinlich) durch Vermischung des ursprünglichen *Homo sapiens* mit gleichzeitig lebenden anderen *Homo*-Arten entstanden.

Die Skelettreste der letzten Neandertaler sind 28 000 Jahre alt. Zu seiner Zeit lagen in der Schwäbischen Alb in der Hohlefelshöhle schon etliche Tausend Jahre aus Mammutelfenbein geschnitzte, mit Punkten und Linien verzierte Tierfigürchen und eine Frauenfigur. Im Leben der Frühmenschen spielten Frauenstatuetten eine wichtige Rolle, von der Altsteinzeit vor etwa 40 000 Jahren bis zur Bronzezeit vor 500 Jahren. Bekannteste Beispiele sind die über 35 000 Jahre alte Frau vom Hohlefels, die 26 000 Jahre alte Venus von Willendorf, ihre fast formgleiche 22 000 Jahre alte „Schwester" aus Kostieniki in Russland, sowie ähnliche Frauenfigurinen vom Baikalsee, aus der Türkei, aus Tschechien, Syrien, Mesopotamien, Griechenland, Rumänien, Südfrankreich und Italien. Diese Fruchtbarkeits-„Urmütter" gehen über in Bilder von Mutter-Göttinnen mit Kind, etwa der ägyptischen Isis mit dem Horusknaben, deren letzte Darstellungen schließlich zur koptisch-christlichen Madonna umgearbeitet wurden – eine kulturelle Evolution der Muttergottes.

11.2 Mitochondrien-„Eva" und Y-Chromosom-„Adam"

Am genetischen Material heutiger Menschen lässt sich durch Zurück-Triangulation zwar ein Stammbaum der Menschen bis zu ihren nicht-menschlichen Vorfahren rekonstruieren, nicht aber zu bestimmten Individuen oder einem Urelter-Paar in den Vorfahrenpopulationen. Denn Gene werden ständig neu kombiniert, und jeder einzelne heutige Mensch kann Gene aus extrem verschiedenen Vorfahrenlinien in sich tragen.

Ein gangbarer Weg zu individuellen Voreltern führt über geschlechtsspezifisches Erbgut, das nur von Vater zu Vater zu Vater wandert, wie das Y-Chromosom, oder von Mutter zu Mutter zu Mutter, wie die Mitochondrien. Das geschlechtsbestimmende Y-Chromosom enthält die längste Folge nicht-rekombinierender DNS im menschlichen Erbgut. Das Erbgut der Mitochondrien prägt sich zwar im Menschenkörper nicht in irgendeinem Merkmal aus, wird bei der prokaryotischen Vermehrung dieser Zellorganellen nicht rekombiniert und bleibt aber mit diesen lebenswichtigen Gast-Organismen im Zellplasma aller Zellen dauerhaft erhalten. Eine relativ große Eizelle beherbergt in ihrem Plasma sehr viele, ein demgegenüber winziges Spermium nur sehr wenige Mitochondrien. Die Vereinigung der Keimzellen schafft ein neues Individuum, dessen Körperzellen einen riesigen, expandierenden Lebensraum für Mitochondrien bilden, den sie besiedeln müssen. Ein solcher Lebensraum wird – wie von allen eigenständigen Organismen, so auch von Mitochondrien – gegen fremde Konkurrenz verteidigt. So bricht unmittelbar nach der Vereinigung der Keimzellen ein Mitochondrienkrieg aus, in dem die wenigen im winzigen Spermium noch enthaltenen väterlichen Mitochondrien von der zahlenmäßig weit überlegenen Mitochondrienpopulation der großen Eizelle zerstört werden. Als Folge davon befinden sich in den Nachkommen, Söhnen wie Töchtern, nur Mitochondrien der Mutter. Aber von den Söhnen können sie in ihren Spermien nicht weitergegeben werden. So werden Mitochondrien durchweg nur über die mütterliche Linie vererbt.

Vergleicht man die genetischen Mutationen der Mitochondrien in den heutigen Frauen der Welt, so zeigt sich unter Einrechnung der üblichen Mutationsrate pro Zeit, wie weit zurück deren Vor-Mutter, die Mitochondrien-„Eva", zu suchen ist, nämlich 99 000 bis 148 000 Jahre zurück. Sie lebte in Afrika. Dasselbe kann man (etwas umständlicher) mit dem männlichen Y-Chromosom machen, das nur von Vätern auf Söhne vererbt wird, und kommt auf einen letzten gemeinsamen Y-Chromosom-„Adam" als Vor-Vater vor etwa 12 000 bis 200 000 Jahren (Poznik et al 2013), ebenfalls in Afrika.

Höchstwahrscheinlich haben sich dieser Vor-Vater und die Vor-Mutter nie zu Gesicht bekommen. Und beide hatten zu ihrer Zeit weitere Männer und Frauen neben sich, deren Y-Chromosomen und Mitochondrien irgendwann durch Populationsschwankungen, Unglücksfälle oder Kinderlosigkeit in Nachkommenlinien stecken geblieben sind. Denn eine Frau, die keine Tochter gebiert, beendet die weitere Genealogie ihrer Mitochondrien; entsprechend beendet ein Mann die Genealogie seines Y-Chromosoms, falls er keinen Sohn zeugt. Dass die kulturelle Evolution des Menschen – in Kunst, Technik, Wissenschaft – immer weiter fortschreitet, ist bekannt. Aber auch die biologisch-genetische Weiterevolution des Menschen ist nicht zu Ende, weil die Auslesefaktoren sich ändern, in letzter Zeit sogar ziemlich rasch. Dazu zählen nicht nur Klimawandel und großräumige Mobilität mit entsprechender genetischer Durchmischung. Ärztliche Versorgung und Medikamente erhöhen die Lebensdauer und senken die Kindersterblichkeit. Geringeres Populationswachstum wegen geringerer Anzahl von Kindern erhöht deren relative Bedeutung für die Ausbreitung von Merkmalen. In sexueller Selektion wechselt die Bevorzugung von kleinen, korpulenten zu großen, schlanken Frauen (Milot, Pelletier 2013).

11.3 Die Herkunft des Menschen nach biblischer Schilderung

Die Bibel beschreibt den Ursprung der Lebewesen und des Menschen in uralter Bildsprache aus der Begriffswelt des 5. oder 4. Jahrhunderts vor Christus. In der älteren Schöpfungserzählung (Gen 2,7 und 22) geht es handwerklich zu: Der Schöpfer knetet einen Menschen aus Tonerde, bläst ihm den Odem des Lebens in die Nase und macht ihm aus einer seiner Rippen eine Frau. Beide sind mit Namen genannt, Adam und Eva. (Francis Crick, der für die Entschlüsselung des genetischen Codes den Nobelpreis erhielt, glaubte, bis er an die Universität kam, Männer hätten eine Rippe weniger als Frauen.) Die spätere, aber in der Bibel an erste Stelle gerückte Erzählung („Lasst uns Menschen machen…"; Gen 1, 26) beschreibt Mann und Frau als zwei geschlechtliche Typen des Menschen. Die gleiche Aussage, dass „die Menschen am Anfang als Mann und Frau geschaffen" wurden, also in zwei Geschlechtern, nicht als zwei Einzelindividuen, zitiert der Evangelist Matthäus (Matth 19, 5) direkt vom Schöpfer Jesus.

Eine bis heute nicht enträtselte Stelle in der Bibel (Gen 6, 1–4) berichtet von einer alten Erinnerung, die zurückreicht in die Urgeschichte, „als sich die Menschen über die Erde hin zu vermehren begannen". Damals sahen „Fremde", „wie schön die Menschentöchter waren, und sie nahmen sich von ihnen Frauen, wie es ihnen gefiel". Es heißt auch, dass „diese ihnen Kinder geboren hatten". Die Bibel siedelt das Geschehen in der Enkelgeneration des Adam an, rechnet allerdings bei Adam, seinen Söhnen und Enkeln mit Lebenszeiten von über 900 Jahren.

Nach diesem rätselhaften Kapitel erzählt die Bibel von einem weiteren Stammvater aller Menschen, nämlich Noah. Gott sah die Schlechtigkeit der Menschen und sagte (Gen 6, 7): „Ich will den Menschen, den ich erschaffen habe, vom Erdboden vertilgen, mit ihm auch das Vieh, die Kriechtiere und die Vögel des Himmels, denn es reut mich, sie gemacht zu haben. Nur Noah fand Gnade in den Augen des Herrn". Um Noah vor der alles vernichtenden Sintflut zu retten, befahl ihm Gott, für seine Familie eine Arche zu bauen. Und „von allem, was lebt, von allen Wesen aus Fleisch, führe je zwei in die Arche... je ein Männchen und ein Weibchen sollen es sein. Von allen Arten der Vögel, von allen Arten des Viehs, von allen Arten der Kriechtiere auf dem Erdboden sollen je zwei zu dir kommen" (Gen 6, 19–20). Und „dann segnete Gott Noah und seine Söhne und sprach zu ihnen: Seid fruchtbar, vermehrt euch und bevölkert die Erde" (Gen 9, 1). Genau dasselbe hatte er zu Adam und Eva (Gen 1, 28) gesagt. Wörtlich genommen würde das die Vorstellung nahelegen, nach der Sündflut hätten die Menschheit und alle Tierarten erneut mit je einem Ausgangspaar begonnen. Das aber ist unmöglich. Die Sündflut war ein lokales Ereignis, wahrscheinlich vor 8 000 bis 9 000 Jahren am Schwarzen Meer, das sich tief ins Gedächtnis verschiedener Völker eingegraben hat und Anlass gab zu weitgehend gleichen Geschichten um einen babylonischen wie einen biblischen Noah. Dass zur Zeit der Sündflut *Homo sapiens* längst auf allen Kontinenten angekommen war, beweisen Funde aus der Zeit vor 20 000 Jahren von überall in der Welt. Und auf weit entfernten Kontinenten lebten Tierarten, die es in Noahs Umgebung nie gegeben hat.

11.4 Die Herkunft des Menschen aus theologischer Sicht

Wie die Geschichte der Menschheit aus theologischer Sicht begann, ist niedergelegt im *Weltkatechismus der Katholischen Kirche*, ein seit 1993 erneut weltweit verbreiteter „sicherer und authentischer Bezugstext für die Darlegung der katholischen Lehre". Er will zeigen, „wie man vernünftigerweise glauben kann". Die Texte in den 2865 Artikeln berufen sich weitgehend auf das Alte und Neue Testament der Bibel. Unter welchen Mühen Bischöfe aus aller Welt gemeinsam diesen Weltkatechismus verfasst haben, erwähnt Papst Benedikt XVI. im Vorwort zum Youcat[1] (2010).

Nach Auffassung der Exegeten will die Genesis-Erzählung nicht verkünden, wie der Schöpfungsvorgang ablief, sondern nur das Faktum, dass die Welt mit allem Drum und Dran von Gott geschaffen ist. Dennoch ist für die Theologie wichtig, dass Pflanzen und Tiere durch Land und

---
[1] Zitate aus dem *Jugendkatechismus der Katholischen Kirche* (2010, Pattloch, München) sind als Youcat mit der betreffenden Artikel-Nummer gekennzeichnet.

Wasser wie von Subunternehmern der Schöpfung entstehen konnten („Das Land bringe alle Arten von lebendigen Wesen hervor"; Gen 1, 24), der Mensch aber unmittelbar von Gott geschaffen wird („Lasst uns Menschen machen"; Gen 1, 26). „Der Mensch ist der Gipfel des Schöpfungswerkes. Der inspirierte Bericht bringt dies dadurch zum Ausdruck, dass er die Erschaffung des Menschen von der der anderen Geschöpfe deutlich abhebt" (K 343). Auch der katholische Jugendkatechismus betont (Youcat 56): „Die Erschaffung des Menschen wird deutlich von der Erschaffung anderer Lebewesen unterschieden." Von Pflanzen und Tieren wurden, wie die Bibel erzählt, jeweils größere Anzahlen erschaffen, vom Menschen aber nur zwei Individuen, zuerst „der Mensch" Adam. Als der sich unter den anderen Lebewesen zu allein fühlt, führt ihm Gott eine Frau zu (Gen 2, 22). Von der Frau wird zudem erzählt, sie sei (als Rippe) „vom Mann genommen" (Gen 2, 23); demnach wurde sogar „aus einem einzigen Menschen das ganze Menschengeschlecht erschaffen", wie im Neuen Testament die Apostelgeschichte behauptet (Apg 17, 26). „Das Menschengeschlecht bildet aufgrund des gemeinsamen Ursprungs eine Einheit" (K 360).

Die katholische Theologie hält daran fest, „dass an einem bestimmten innerweltlichen, innernaturgeschichtlichen Punkt ein solcher ‚kategorialer' Stoß schöpferischer Allmacht sich ereignet habe, dort und dann, wo und wann in jene tierische Gestalt, die sich auf den Menschen hin entwickelt hatte, eine Geistseele von Gott eingeschaffen wurde und so der Mensch wurde" (Rahner 1961, S. 59). Theologen haben darüber spekuliert, wie sich die Erschaffung des Menschen nach der Paradieserzählung biologisch zugetragen haben mag. Vielleicht, so Johannes Schildenberger (1952, S. 222), durch „Umwandlung eines erwachsenen Tieres in einen Menschen", oder „daß der Embryo des ersten Mannes in einem Tierleib durch unmittelbares göttliches Eingreifen gebildet und beseelt wurde und daß von diesem beseelten Embryo ebenfalls durch unmittelbares göttliches Eingreifen der Embryo der ersten Frau abgetrennt wurde. Beide wären dann als Zwillinge auf die Welt gekommen". So, wie der Vorgang geschildert ist, hätten beide aber, wie eineiige Zwillinge, gleichen Geschlechts sein müssen. Am ehesten mit dem Tier-Mensch-Übergangsfeld verträglich scheint eine „plötzliche Mutation im embryonalen Zustand", sodass „ein Anthropoide einen Embryo hervorbrachte, den Gott mit einer menschlichen Seele belebte".

Alle diese Gedankenspiele über „die Hineingestaltung der Menschenseele in den animalischen Leib" (Overhage 1961, S. 366), wie auch die Bibelerzählung von Adam und Eva als Stammeltern, nehmen zwangsläufig an, dass am Beginn der Menschheit Geschwisterinzest steht. Hier würden wieder Rahners metaphysische Bedenken greifen, dass Gott wohl kaum schon mit dem ersten Schritte der Erschaffung des Menschen seinen Schöpfungsauftrag „seid fruchtbar und mehret euch" unterläuft. Denn zum Mehren ist Gen-Verbreitung erforderlich, und dafür ist Inzest unökonomisch, denn wenn Träger gleicher Gene miteinander Nachkommen zeugen, werden ihre genetischen Programme nur in einer gemeinsamen Bahn statt in zwei getrennten Bahnen weitervererbt. Entsprechend ist Inzest unter den Tieren in der Schöpfung unnatürlich und wird generell vermieden (Bischof 1985).

Demgegenüber unbedacht sagt der Weltkatechismus (K 2388): „Inzest stellt einen Rückschritt zu tierischem Verhalten dar." Nein, gerade umgekehrt: Nach der kirchlichen Lehre vom Beginn der Menschheit ist Inzest ursprünglich spezifisch menschlich gewesen.

Im 13. Jahrhundert betonte Albertus Magnus (in *De Animalibus*), die Natur mache die Arten nicht alle einzeln ohne Zwischenformen, sie schreite nicht fort von Extrem zu Extrem ohne ein Mittelding. Und die deutschen Bischöfe meinten im katholischen Erwachsenen-Katechismus (1985, S. 115), dass es „angesichts der modernen Evolutionstheorie" bei der „Abstammung des menschlichen Leibes aus vormenschlichen Lebewesen" ebenso zuging „wie bei der Evolution der anderen Lebewesen", und da gehen neue Arten als Populationen graduell aus Vorgängerpopulationen hervor. *Homo sapiens* konnte davon keine Ausnahme machen. Dass er dennoch eine Ausnahme sein muss, verlangt immer noch gebieterisch die Lehre der katholischen Kirche wegen ihrer Theologie des Bösen.

Literatur

Bischof N (1985) Das Rätsel Ödipus. Piper, München

Gibbons A (2011) A new view of the birth of *Homo sapiens*. Science 331:392–394

Green RE et al (2010) A draft sequence of the Neandertal genome. Science 238:710–722

Kremer M (1993) Population growth and technological change: one million B.C. to 1990. Quart J Econom 108:681–716

Meyer M et al (2012) A high-coverage genome sequence from an archaic Denisovan individual. Science 338:222–226

Milot E, Pelletier F (2013) Human evolution: new playgrounds for natural selection. Curr Biol 23:R446–R448

Overhage P (1961) Das Problem der Hominisation. In: Overhage P, Rahner K (Hrsg) Das Problem der Hominisation. Herder, Freiburg, S 91–399

Poznik GD (2013) Sequencing Y chromosomes resolves discrepancy in time to common ancestor of males versus females. Science 341:562–565

Rahner K (1961) Die Hominisation als theologische Frage. In: Overhage P, Rahner K (Hrsg) Das Problem der Hominisation. Herder, Freiburg, S 13–90

Schildenberger J (1952) Die Erschaffung des Menschen nach der Paradieseserzählung. Neues Abendl 7:212–224

Schrenk F, Bromage, T (2002) Adams Eltern. Beck, München

12
Biologie und Theologie des Bösen

Die naturwissenschaftlich-biologische Beschreibung der Evolution und der Herkunft des Menschen und die in (katholisch-)theologischer Theologie aufgrund göttlicher Offenbarung geforderte Herkunft des Menschen sind unvereinbar. Und zwar nicht, weil das theologische Bild von der Erschaffung des Menschen nicht in Übereinstimmung zu bringen wäre mit seiner Evolution aus den Primaten. Aber die zahlreichen, aus spezifisch menschlicher Sicht aufgezählten Unvollkommenheiten in der belebten Schöpfung gelten in theologischer Erklärung als Folge einer Untat der menschlichen Stammeltern und belasten als Erbschuld alle Menschen. Das Dogma von der Erbsünde gibt eine theologische Erklärung für „das Böse" in der Welt, rechtfertigt die Erlösung von der Erbsünde durch Jesus Christus und schreibt eine nachweislich falsche Lösung des Problems der Hominisation vor.

12.1 Biologie und Kant

In allen Bereichen des sozialen Zusammenlebens von Tieren zeigt sich dasselbe: Neben den Programmen für faires Verhalten erscheinen regelmäßig auch Programme für unfaires Verhalten, die den Ausführenden Vorteile auf Kosten der Vertreter der fairen Alternativen verschaffen – freilich gekoppelt mit dem Risiko, selbst die Kosten tragen zu müssen, falls ein anderer seinen Vorteil nutzt. Nach menschlicher Wertung gehört das hier unfair genannte Verhalten zum Bösen, das es zu bekämpfen gilt. Dennoch kann in tierischen Sozietäten – wie vorn beschrieben – das Nebeneinander von Fair und Unfair (Gut und Böse) durchaus ein stabiler Zustand sein. Die Ursache dafür liegt aus biologischer Sicht erstens in zufälligen Abänderungen bei der Vervielfältigung erblicher Programme, zweitens darin, dass die so auftretenden Programmvarianten unter den jeweils vorherrschenden Umweltbedingungen unterschiedliche Reproduktionsraten aufweisen, und drittens darin, dass unter Ressourcenknappheit jeweils automatisch die ökonomischeren Replikatoren die Konkurrenz mit weniger ökonomischen gewinnen.

Unter frequenzabhängiger Selektion können im selben Funktionsbezug Programme für faires und solche für unfaires Verhalten nebeneinander existieren und (wie vorn beschrieben) durch Selektions-Patt in einem evolutionären Gleichgewicht bleiben. Würde der Mensch versuchen, die ihm unliebsamen unfairen Verhaltensvarianten zu bekämpfen, würden sie durch die natürliche Selektion bis zum effektiven Gleichgewichtszustand mit der fairen Verhaltensvariante wieder nachgeliefert. Dieser Zustand bedeutet nicht, dass beide in der Population oder am Individuum gleich häufig vorkommen, sondern nur, dass die von den alternativen Programmen gesteuerten Verhaltensweisen in einem festen, von ihren ausgeglichenen Ausbreitungschancen bestimmten Häufigkeitsverhältnis zueinander auftreten, weil die Selektion nicht anders kann, als „ihre Kräfte so gegeneinander zu richten, dass eine die andere in ihrer zerstörenden Wirkung aufhält, oder diese aufhebt".

Dieses Zitat stammt von Immanuel Kant aus seiner Schrift *Zum ewigen Frieden*. In dieser geht er 1795 davon aus, dass „ein jeder aber, bey seiner guten Meynung von sich selber, doch die böse Gesinnung bey allen anderen voraussetzt" (S. 80). Das Problem einer funktionierenden Gesellschaft bestehe dann darin (S. 60), „eine Menge von vernünftigen Wesen, die insgesammt allgemeine Gesetze für ihre Erhaltung verlangen, deren jedes aber in Geheim sich davon auszunehmen geneigt ist, so zu ordnen und ihre Verfassung einzurichten, daß, obgleich sie in ihren Privatgesinnungen einander entgegenstreben, diese einander doch so aufhalten, daß in ihrem öffentlichen Verhalten der Erfolg eben derselbe ist, als ob sie keine solche böse Gesinnung hätten". Wenngleich „viele behaupten, es müsse ein Staat von Engeln seyn, weil Menschen mit ihren selbstsüchtigen Neigungen einer Verfassung von so sublimer Form nicht fähig wären", ist doch die Aufgabe „so hart wie es auch klingt, selbst für ein Volk von Teufeln (wenn sie nur Verstand haben) auflösbar". Denn erforderlich dazu „ist nicht die moralische Besserung der Menschen, sondern nur der Mechanismus der Natur, von dem die Aufgabe zu wissen verlangt, wie man ihn am Menschen benutzen könne", so daß der

"Mensch, wenn gleich nicht ein moralisch-guter Mensch, dennoch ein guter Bürger zu seyn gezwungen wird".

Das entspricht ziemlich genau dem „Mechanismus der Natur" an unvernünftigen Wesen, der durch Selektion dessen, was sich jeweils bewährt – als „Gesetz für ihre Erhaltung" – erreicht, dass das Individuen ein zwar nicht moralisch, aber funktional „guter Artgenosse zu seyn gezwungen wird".

12.2 Konrad Lorenz und Joseph Ratzinger

Sogenanntes Trittbrettfahren, vom Kollektiv Vorteile zu beziehen, ohne selbst in das Kollektiv zu investieren, ist ein nicht ungewöhnliches Verhalten in tierischen Sozietäten und ein fester Bestandteil der belebten Schöpfung. Konrad Lorenz, Vater der Vergleichenden Verhaltensforschung und Nobelpreisträger, hing – vermutlich aus seiner Schulzeit im Schottengymnasium in Wien, das von Benediktinern geleitet wird – an der Vorstellung einer sozialparasitenfreien idealen Schöpfung. Ihn verstörte das Benehmen mancher Dohlen, die sich zwar von anderen Gruppenmitgliedern bewachen und vor Feinden warnen lassen, selbst aber nicht warnen, sich also vor der „Kameradenverteidigung" drücken. Er bezeichnete sie als „Sozialparasiten", die unter Verhaltensausfällen leiden. „Der Ausfall selbst aber ist das Böse schlechthin. Er ist .. die Negation und Rückgängig-Machung des Schöpfungsvorganges" (Lorenz 1973, S. 66). Joseph Kardinal Ratzinger (2000, S. 69) bestätigt: „Die Schöpfung spiegelt nicht mehr den reinen Willen Gottes."

Aus dem Dilemma, dass die vorhandene Natur nicht der Überzeugung von einer idealen Schöpfung entspricht, haben beide Autoren einen Ausweg nicht nur gesucht, sondern auch benannt. Bezüglich sozialparasitischen Verhaltens schreibt Lorenz (1978, S. 27): „Es ist gar nicht leicht zu entscheiden, bis zu welchem Grade ein solcher ‚Egoismus' getrieben werden kann, bis er mit der gesamten Art schließlich auch sich selbst schädigt." Doch eben das ist die entscheidende Antwort: Ab einer gewissen Häufigkeit auftretend schädigt Egoismus unter frequenzabhängiger Gegenselektion sich selbst, zugunsten der nicht-egoistischen Verhaltensalternative. Wer sich von anderen bewachen und warnen lässt, selbst aber nicht wacht, ist nur so lange im Vorteil, wie nicht zu viele andere es ebenso machen. Doch Lorenz resigniert zehn Zeilen später: Auf die Frage, „warum nicht solche Ausfallmutationen wegen ihres offensichtlichen Selektionsvorteils alsbald in Menge herausgezüchtet würden, findet man keine Antwort". Er hat zwar recht: „Auf der Ebene der tierischen Sozietät sind Mechanismen zur Verhinderung des sozialen Parasitismus bisher unbekannt"; Sozialparasitismus lässt sich nicht verhindern, sondern nur bis zum Erfolgsgleichgewicht mit nicht-sozialparasitischem Alternativverhalten begrenzen. Aber das war nicht der von Lorenz anvisierte Idealzustand für die Art. Abweichungen davon betrachtete er als Ausnahmefälle, die sich in einer Statistik wegbügeln lassen. Lorenz war Mediziner, und so wie ein Arzt für das Wohl eines Individuums Sorge trägt, meinte er, müsse die Natur für das Wohl der (als Individuum verstandenen) Art sorgen, und bezeichnete in seinen Schriften alles Verhalten, das der Arterhaltung dient, als gesund, und alles, was nicht dem Ideal der Arterhaltung entspricht, als krank (Lorenz 1973, S. 14f).

Ganz ähnlich resigniert Ratzinger. Einerseits erwägt er: „Erbsünde ist bestenfalls ein bloß symbolisches, mythisches Ausdrucksmittel, um die *natürlichen* Mängel einer Kreatur wie des Menschen zu kennzeichnen, der von äußerst unvollkommenen Ursprüngen auf die Vollendung, auf seine endgültige Verwirklichung zugeht. Diese Sicht zu akzeptieren bedeutet jedoch, die Struktur des Christentums auf den Kopf zu stellen: Es hat nie eine ‚Erlösung' gegeben, weil es keinerlei Sünde gegeben hat, von der man hätte geheilt werden müssen. Christus ist aus der Vergangenheit in die Zukunft versetzt; Erlösung würde einfachhin bedeuten, auf die Zukunft als der notwendigen Entwicklung zum Besseren hin zuzugehen" (Ratzinger 1985, S.80/81). Doch fünf Jahre danach (2000, S. 69) sagt er: „Es gehört in der Tat zu den Rätseln der Schöpfung, dass es ein Gesetz der Grausamkeit zu geben scheint", und greift zur Erklärung wieder nach der Erbsünde: „Die Kirche hat es in ihrem Glauben immer so gesehen, dass sich auch in der Schöpfung die Verstörung des Sündenfalles auswirkt." (Man beachte die Diktion! Es stimmt wohl, dass es „die Kirche" immer so gesehen hat; aber das heißt eben nicht, dass es auch so geschehen ist. Der Papst versteckt sich hinter der traditionellen Sicht seiner Kirche; aber wer hat in der Kirche diese Sicht eingeführt?).

Lorenz ließ frequenzabhängige Selektion unbeachtet und hat deshalb nicht bemerkt, dass er die Lösung des Problems in Händen hatte. Ratzinger hat die Realisierung seiner Lösung auf später verschoben: „Die Unfähigkeit, die ‚Erbsünde' zu verstehen und verständlich zu machen, ist wirklich eines der schwerwiegendsten Probleme der gegenwärtigen Theologie und Pastoral." – „Sollte mich eines Tages die Vorsehung von diesen meinen Verpflichtungen befreien, möchte ich mich gerade dem Thema ‚Erbsünde' beziehungsweise der Notwendigkeit einer Wiederentdeckung ihrer eigentlichen Wirklichkeit widmen" (Ratzinger 1985, S. 79, 80).

Christus aus der Vergangenheit in die Zukunft zu versetzen, wäre vereinbar mit der Meinung des 1993 in der katholischen Kirche selig gesprochenen und von Joseph Ratzinger verehrten Johannes Duns Scotus, der um 1300 die Auffassung vertrat, dass Christus in einer „Vorauserlösung" auch ohne die Sünde Adams Mensch geworden wäre, weil nach Gottes Plan am Ende die ganze Schöpfung in seinem Sohn zusammengefasst, Schöpfung und Gott miteinander vereinigt würden. Um Christi Inkarnation nicht als Reparatur einer durch Sünde beschädigten Schöpfung, sondern vielmehr als einen Höhepunkt in der fortschreitenden „Weltwerdung" Gottes zu begreifen, bräuchte auch nicht die Denkstruktur des gesamten Christentums revolutioniert zu werden. Es genügte, die katholische Sichtweise zu ändern. Im *Evangelischen Erwachsenenkatechismus* (Brummer, Kießig, Rothgangel 2010, S. 221) heißt es zur Erläuterung der Erbsünde bereits: „Im Kontext der biblischen Verheißungsgeschichte muss man die Paradiesgeschichte als prophetische Geschichte lesen."

12.3 Die Legende von der Erbsünde

Im katholischen Weltkatechismus 1993 lehren Papst Johannes Paul II. und der gesamte Episkopat der katholischen Kirche „in einer das christliche Volk zu einer unwiderruflichen Glaubenszustimmung verpflichtenden Form" (K 83):

1. Unsere Stammeltern sind Adam und Eva, das erste Menschenpaar (K 375, 376).
2. Sie sündigten (K 404), „ein Urereignis, das zu Beginn der Geschichte des Menschen stattgefunden hat" (K 390) und Erbsünde heißt.
3. Sie haben diese Erbsünde an ihre Nachkommen und „an die ganze Menschheit weitergegeben" (K 404).
4. „Wir halten daran fest, dass die Erbsünde zusammen mit der menschlichen Natur durch Fortpflanzung übertragen wird und nicht etwa bloß durch Nachahmung" (K 419).
5. „Die Erbsünde ist eine wesentliche Glaubenswahrheit" (K 388).

Die Erbsünden-Erzählung ist (K 390) als ein „Bericht" ausgegeben, ohne Berichterstatter.

12.3.1 Wirksamkeit der Erbsünde

„Die Erbsünde und ihre Auswirkungen sind ein unverkennbarer Aspekt der realen Welt", betont der Moraltheologe und Ratzinger-Schüler Vincent Twomey (2008, S. 126). Der Weltkatechismus behauptet (K 400): „Wegen des Menschen ist die ganze Schöpfung der Vergänglichkeit unterworfen." Demnach verursachte eine geschichtliche böse Tat alle jene Kennzeichen der belebten Schöpfung, die nach menschlichem Urteil als Unvollkommenheiten oder Übel gelten.

Nun ist der Mensch aber in der Geschichte der Lebewesen ein sehr, sehr junges Element. Viele seiner ererbten körperlichen, funktionellen und Verhaltensmerkmale hatten sich längst in der Schöpfung konsolidiert, ehe sein spezieller Zweig am Stammbaum zu sprossen begann. Die Bibel benutzt „Tage", um den langen Zeitraum der Erschaffung der Welt zu beschreiben. Wenn man diesem Vorbild folgend die 4,5 Mrd. Jahre der Erdgeschichte auf ein Kalenderjahr als anschauliches Modell umrechnet, entspricht jeder Tag 12,3 Mio. Jahren. Dann treten die ältesten bekannten Organismen, nämlich Bakterien und algenähnliche Einzeller, Anfang Mai auf. Die ersten vielzelligen Lebewesen erscheinen Anfang November. Um den 20. November schwimmen Fische im Meer, Ende November gehen die ersten Vierfüßer ans Land. Die erste Hälfte des Dezembers wird von den Reptilien, vor allem den Sauriern, beherrscht. Mitte Dezember treten die ersten großen Säugetiere auf. Die frühesten menschlichen Spuren finden wir am 31. Dezember gegen 17 Uhr. Etwa um 21 Uhr entsteht der *Homo sapiens*. In unserem Modelljahr gibt es also den Menschen erst seit knapp drei Stunden. Dennoch spekuliert Hans Gasper (2008, S. 89), „ob im Falle der Nichtsündigkeit des Menschen auch die Naturgeschichte einen anderen Verlauf genommen hätte".Für Theologen ist die in der Bibel niedergelegte Offenbarung entscheidend, und die kennt nur die letzten sechs Promille des realen Schöpfungsverlaufs. In dessen davor liegender Geschichte hatte es kosmische Katastrophen, jahrhundertelange Vulkanaktivitäten und viele Sintfluten gegeben. Gut 150 Mio. Jahre vor dem Menschen wurden durch einen Meteoreinschlag fast alle Geschöpfe vom Erdboden vertilgt, unter ihnen die Saurier, die gewaltigsten („Kriech"-)Tiere, die es je auf der Erde gab. Es hat Leiden und Töten durch Fressfeinde und Parasiten überall unter den Geschöpfen gegeben, längst ehe es zum Menschen kam.

Auf die Frage, wie das drei Milliarden Jahre lang vor der menschlichen Ursünde geschehen konnte, antwortete Joseph Ratzinger (2000, S. 99): „Zunächst sind dies alles natürlich nur Schätzzahlen; sie haben ihre guten Gründe, aber man darf sie nicht verabsolutieren." Er bezeugt damit die theologische Denkmöglichkeit, dass entgegen allen Naturgesetzen eine Wirkung lange Zeit vor ihrer Ursache auftreten kann.

12.3.2 Theologie des Monogenismus

Warum nach katholischer Lehre der Monogenismus, die Abstammung aller Menschen von einem Ur-Elternpaar, zwingend ist, hatte sehr präzise Karl Rahner (1958, 1961) begründet. Zunächst mit einem metaphysischen Argument: Dass Gott mehrere erste Menschenpaare geschaffen hätte, würde bedeuten, dass er den wichtigsten ersten Schritt in seiner Schöpfung zurücknähme: Warum macht er doch wieder selbst, was er schon der Schöpfung in einem zeugungsfähigen Menschenpaar übertragen hat? Für Pflanzen- und Tierarten, die er in mehreren Exemplaren erschuf, gilt dieses Argument nicht, denn das sind keine metaphysisch neuen Arten. „Der Mensch ist aber gegenüber dem Tierreich eine metaphysisch neue, wesenhaft verschiedene Spezies." Und „eine ‚Form' wesenhaft verschiedener Art (die als eine neue unableitbare ‚Idee' nur durch eine transzendente Ursächlichkeit Gottes entstehen kann), entsteht nicht in mehreren, voneinander unabhängigen Fällen". Es sei denkbar, „dass die biologische Entwicklung des Tierreiches in vielen Exemplaren sich zu jener Höhe hinaufentwickelt hat, an der dann das transzendente Wunder der ‚Menschwer-

12 Biologie und Theologie des Bösen

dung' geschehen konnte, ... das etwas metaphysisch Neues begründete" (Rahner 1958, S. 320).

Sodann stützt sich Rahner auf formale Prinzipien im Verhältnis zwischen Offenbarungslehre und profanwissenschaftlicher Erkenntnis. „Grundsätzlich gibt es gegenüber der Lehre der Offenbarung über den Menschen keine absolute Autonomie des katholischen Naturwissenschaftlers in seinen echten oder vermeintlichen Ergebnissen." Der „christliche Naturwissenschaftler ist... grundsätzlich methodisch in dem Sinn an die Lehre des kirchlichen Lehramtes als der höheren und umfassenderen Instanz gebunden, als er (auch als Naturwissenschaftler) nicht etwas als sicheres Ergebnis seiner Wissenschaft behaupten darf, was einen sicheren Widerspruch zu einer als sicher vorgetragenen Lehre des kirchlichen Lehramtes beinhalten würde" (Rahner 1961, S. 16).

Rahner fährt fort (S. 17): „Die Offenbarung Gottes kann sich... grundsätzlich auch auf Wirklichkeiten beziehen, die material einer profanen Erfahrung naturwissenschaftlicher oder geschichtlicher Art zugänglich sind, so daß die Offenbarungsaussage sich immer der möglichen Bedrohung durch ein künftiges (wenigstens scheinbar anderes) Ergebnis der profanen Wissenschaft aussetzt und umgekehrt die Naturwissenschaft grundsätzlich immer mit einem möglichen Einspruch der Theologie rechnen muß" „Die Offenbarung nimmt letztlich und grundsätzlich die ganze Wirklichkeit als möglichen Gegenstand ihrer Aussage in Anspruch", und das Lehramt nimmt für sich selbst die Entscheidung letzter Instanz in Anspruch; „also kann man sein definitives Urteil nicht damit ablehnen, dass man sagt, es habe seine Kompetenz überschritten". „Ein wirklicher, objektiver Konflikt zwischen beiden Instanzen ist nicht möglich."

Nun besteht aber in der Genesis ein innerer Zusammenhang zwischen Erbsünde und Monogenismus (Renckens 1959, S. 228). Die Offenbarungsquellen und die Entscheidungen des kirchlichen Lehramtes sagen, „dass die Erbsünde aus der Sünde stammt, die ein bestimmter Mensch, Adam, persönlich begangen hat, und dass sie durch Zeugung auf alle Menschen übertragen wurde" (Enzyklika *Humani generis* von Papst Pius XII. 1950, 37). Der Jesuit Paul Overhage stellt fest (1961, S. 189): „Praktisch muß der Katholik daran festhalten, daß die Menschheit tatsächlich aus einem Stammvater hervorgegangen ist." Der Monogenismus gehört zum Lehrgehalt der Genesiserzählung, nicht bloß zu deren Darstellungsweise, sie ist Lehrgegenstand, nicht bloßes Lehrmittel. „Wo Gott spricht, muß sein Wort auf irgendeine Weise auch die wissenschaftliche Wahrheit ausdrücken" (Renckens 1959, S. 170).

Der Jesuit Paul Overhage (1961) erhofft, dass diese naturwissenschaftliche Wahrheit durch biologische Befunde einst doch noch den Monogenismus untermauert, denn man dürfe nicht so tun, „als ob die Entwicklung des menschlichen Leibes aus schon lebendem Stoff durch die bisherigen Funde und die aus ihnen gezogenen Schlüsse bereits endgültig bewiesen sei" (*Humani generis* 1950, 36). Overhage befindet (1961, S. 367): „Der Stammbaum des Menschen kann überhaupt nur indirekt mithilfe des morphologischen Vergleichs und der Deutung der Ähnlichkeiten konstruiert werden"; auch „die genetisch-zeugungsmäßigen Zusammenhänge zwischen Arten und Organismengruppen der Vorzeit lassen sich nämlich nicht direkt beobachten, weil kein Lebewesen seinen Ahnennachweis bei sich trägt" (S. 193).

Das ist ein merkwürdiger philosophischer Gedankengang. Schon der ganze Körperbau des Menschen und seine Physiologie bezeugen ja seine Abstammung von Säugetieren und Primaten. Noch direkter tun es seine Gene als Grundlage des Körperbaus; das Erbgut von Mensch und Schimpanse ist zu 93,5 bis 99,4 % identisch. Viel weiter im Stammbaum zurück als morphologisches Vergleichen führen genetische Übereinstimmungen, etwa des Menschen mit der Bäckerhefe. Also trägt der Mensch sehr wohl, wie alle Lebewesen, seinen genetischen Ahnennachweis bei sich. Das theologischerseits zu missachten, ist besonders pikant, weil ja für Theologen gerade die durch zeugungsmäßigen Zusammenhang übertragene (Grundlage der) Erbsünde den Nachweis der Ahnenschaft Adams bezeugen soll.

12.3.3 Sachlich falsche Glaubenswahrheiten

Der Widerspruch zwischen naturwissenschaftlicher und katholisch-theologischer Lehre vom Ursprung der Menschheit beruht nicht mehr auf Unstimmigkeiten in der Interpretation eines stammesgeschichtlichen Anfangs, sondern umgekehrt auf der Rückschau vom bisherigen Ende der heutigen Menschheit zu ihrem Ursprung. Der krasse Gegensatz besteht zwischen dem Beharren des katholischen Lehramtes auf dem Monogenismus und der klaren Aussage der Naturwissenschaft, dass sich die heute lebenden Menschen in der genetischen Erbfolge nicht auf ein Stammelternpaar zurückführen lassen.

Gleichgültig, in welchem Zeithorizont und in welcher Abstammungsreihe der diversen Menschenarten (*Homo rudolfensis, habilis, erectus, neanderthalensis, sapiens*) man einen „Adam" ansiedeln möchte, er hat weitere Adams als Stammväter in Nachbararten neben sich, seine Nachkommen haben sich mit denen anderer Adams vermischt, und stets lassen sich Adam-Eltern zurückverfolgen bis zum allen gemeinsamen äffischen Vorfahren vor 6,5 Mio. Jahren. Das Stammelternpaar, von dem die Bibel erzählt, hat es real nie gegeben.

Manche Theologen meinen zwar, den Sinn der kirchlichen Lehre bewahren zu können, wenn angenommen würde, dass Adam – entgegen der Paulus-Rede vom einen Menschen – im biblischen Sprachgebrauch nicht die Bezeichnung für einen einzelnen Menschen ist, sondern eine Kollektivbezeichnung für ‚den' Menschen und ‚die' Menschheit. Dem Erbsünde-Fortpflanzungs-Argument zufolge müssten dann alle Individuen der anfänglichen Menschheit gleichermaßen gesündigt haben (was einem schöpferischen Konstruktionsfehler gleichkäme), oder es könnte erbsündenfrei gebliebene Nachkommen gegeben haben.

Genau genommen liegt das Problem der Erbsünde in der Einschränkung ihrer Übertragung „nicht etwa bloß durch Nachahmung" (K 419). Ob erbsündig durch Nachahmung oder durch Fortpflanzung, war um das Jahr 400 eine große Streitfrage zwischen dem britischen Mönch Pelagius und dem heiligen Augustinus. Pelagius war überzeugt, dass Sünde durch schlechtes Beispiel und Nachahmung verbreitet würde. So hätte zumindest theoretisch im Laufe der Zeit ein irgendwo gestartetes schlechtes Beispiel Schule machen

12 Biologie und Theologie des Bösen

und als Trend in kultureller Evolution durch umfassende soziale Kontakte beliebig viele Menschen wie ein Krankheitskeim „infizieren" können. Mit der schon genannten theoretischen Möglichkeit, dass auch Menschen erbsündenfrei geblieben sein könnten. Doch dagegen hat Papst Pius XII. in der Enzyklika *Humani Generis* (37) strikt erklärt: „Darum können Gläubige sich nicht der Meinung anschließen, nach der es entweder nach Adam hier auf Erden wirkliche Menschen gegeben habe, die nicht von ihm als dem Stammvater aller auf natürliche Weise abstammen, oder dass Adam eine Menge von Stammvätern bezeichne, weil auf keine Weise klar wird, wie diese Ansicht in Übereinstimmung gebracht werden kann mit dem, was die Quellen der Offenbarung und die Akten des kirchlichen Lehramts über die Erbsünde sagen; diese geht hervor aus der wirklich begangenen Sünde Adams, die durch die Geburt auf alle überging und jedem Einzelnen zu eigen ist."

Theologisch erforderlich ist dieses Konzept für die Lehre von der Erlösung. Das Erbsünden-Modell hat Paulus von Tarsus um 50 n. Chr. als Begründung für den alle Menschen erlösenden Kreuzestod Christi erdacht (Röm 5, 12–21), und Augustinus hat es (um 418) weiter ausgearbeitet. Ihre Ursündenlehre gipfelt schließlich in der Erlösungslehre: „Christus ist für unsere Sünden gestorben" (K 601). Das heißt, die ganze Kreuzestheologie, „die Selbstaufopferung Jesu für die Sünden der Welt" (K 606), erfordert zwingend Sünden als Folge einer Ursünde, die ihrerseits von einem nach heutigem Wissen nicht existenten Stammelternpaar begangen und von ihm auf alle Menschen übertragen worden sein soll, obwohl gar nicht alle heute lebenden Menschen auf ein einziges Elternpaar zurückgehen.

Dass aus zwei Personen eine Erbsünde zusammen mit der menschlichen Natur durch Fortpflanzung an die ganze Menschheit übertragen wurde und wird, ist biologisch unmöglich; dafür ist die Schöpfung nun mal nicht eingerichtet. Dennoch sollen aber die diesbezüglichen Glaubensartikel über die zwei Personen Adam und Eva stehen bleiben, wie Papst Franziskus jüngst unterschreibt (2013, *Lumen fidei* 46, 48): „Weil alle Glaubensartikel in Einheit verbunden sind, bedeutet, einen von ihnen zu leugnen, selbst von denen, die weniger wichtig zu sein scheinen, gleichsam dem Ganzen zu schaden... Den Glauben zu beschädigen bedeutet, der Gemeinschaft mit dem Herrn Schaden zuzufügen".

Der Fundamentaltheologe Gregor Hoff (2013, S. 423) unterscheidet zwischen Kirche, Theologie und Lehramt – plausibel, wenn das Lehramt meint, verhindern zu müssen, dass neue Erkenntnisse der Theologie in der Kirche publik werden. Als Theologe hat Joseph Ratzinger (1985, S. 80) zugegeben: „In einer evolutionistischen Welthypothese ... gibt es offensichtlich keinerlei Platz für eine ‚Erbsünde'", und er hat den oben zitierten Denkanstoss gegeben, statt auf Erlösung von vergangener Schuld auf eine gnadenvollere Zukunft zu hoffen. Biologen müssen fordern, dass dieser Anstoss aufgenommen und in der Kirche aktualisiert wird, und zwar ohne den Glauben zu schädigen. Das aber behinderte Joseph Ratzinger als Papst an der Spitze des Lehramtes und drängt im Vorwort zum Youcat (2010) die Jugendlichen, „So bitte ich Euch: Studiert den Katechismus mit Leidenschaft und Ausdauer! Opfert Lebenszeit dafür!". Er stößt sie geradezu mit der Nase auf den nicht überbrückbaren Widerspruch zwischen dem, was die Kirche über die erbsündige Natur des Menschen lehrt, und dem, was jedem heute an nachprüfbarem Wissen über die Natur des Menschen zur Verfügung steht. Dieses Wissen ist unvereinbar mit einer unwiderruflichen Glaubenszustimmung zur verpflichtenden kirchlichen Lehre im Weltkatechismus 1993 und im Jugendkatechismus 2010.

Gregor Hoff (2013, S. 418) schreibt beschwichtigend: „Keine ernst zu nehmende Schöpfungstheologie geht heute noch naturwissenschaftlich von einem Urelternpaar aus"; beim offiziell zu glauben verordneten biblischen Narrativ handle es sich um die Bearbeitung eines theologischen Problems, dargestellt in theologischer Interpretationsform. Nicht erklärt wird, was Vertreter einer ernst zu nehmenden Schöpfungstheologie-Sparte nun positiv zu sagen wissen, und zwar ohne der Erlösungstheologie-Sparte zu widersprechen. Der lehramtlich offizielle Text bewahrt, was geschrieben steht, und bewahrt damit den Glauben an die eingängige und im Volk beliebte biblische Schilderung, die den wahren Sachverhalt poetisch verschleiert.

Eingängige, poetisch verschleiernde Interpretationsformen bleiben, weil beim Volk beliebt, auch in nicht-religiösen Bereichen bewahrt. Ein Beispiel ist Goethes narrative Bearbeitung einer Vergewaltigung unter freiem Himmel: „Sah ein Knab ein Röslein steh'n, jung und morgenschön; er lief schnell, es nah zu seh'n, sah's mit vielen Freuden; droht ,ich breche dich', hört ,ich will's nicht leiden'; der wilde Knabe brach's Röslein auf der Heiden, Röslein wehrte sich und stach, doch ihm half kein Weh und Ach, musst' es eben leiden". Der wahre Sachverhalt ist ein Verbrechen.

Es ist sehr bedenklich, dass es der Zusammenarbeit des gesamten Episkopates der katholischen Kirche bis heute nicht gelungen ist, die Evolution als reale Geschichte der

Schöpfung zu begreifen (das Wort Evolution kommt im Weltkatechismus nicht vor) und die biblische Version vom Ursprung der Menschheit mit den inzwischen erarbeiteten wissenschaftlichen Befunden in Einklang zu bringen. Ein Stammelternpaar und die Weitergabe einer Erbsünde von ihnen durch Fortpflanzung an alle heutigen Menschen sind zwei sachlich falsche Glaubenswahrheiten. Vertreter des kirchlichen Lehramtes, die dafür weiterhin unwiderrufliche Zustimmung verlangen, betätigen sich entgegen besserer Absicht als „Kirchenleerer".

12.4 Tod und Sterben

Unsterblichkeit und Leidensfreiheit waren dem Menschen zugedacht, „wenn er nicht gesündigt hätte", betont Karl Rahner (1961, S. 86). „Solange der Mensch in der engen Verbindung mit Gott blieb, musste er weder sterben noch leiden" (K 376). Augustinus lehrt (im 4. Jahrhundert), dass die Menschen im Urzustand frei waren von sinnlichen sexuellen Regungen, also eigenmächtiger Regung der geschlechtlichen Organe und willentlicher Unbeherrschbarkeit des Orgasmus, überhaupt frei von allen unwillkürlichen Begierden wie Hunger oder Durst, mithin frei von „konkupiszenter Verfasstheit", ethologisch ausgedrückt, frei von allem heute zum Überleben notwendigen Appetenzverhalten.

Wie das bekannte Schachbrett-Gleichnis lehrt, wäre die irdische Schöpfung unter dem göttlichen Auftrag „Wachset und mehret euch, erfüllet die Erde" (Gen 1, 28), erteilt an Individuen, die nicht sterben konnten, nach weniger als

64 Generationen durch Menschenverstopfung zugrunde gegangen, selbst wenn jedes Elternpaar in seinem beliebig langen Leben nur zwei Nachkommen pro Generation gezeugt hätte, die den Fruchtbarkeitsauftrag des Schöpfers erfüllten.

Wo in der Realität Populationszahlen im Mittel konstant bleiben, werden zwei Eltern durch zwei Nachkommen ersetzt. Alle darüber hinaus erzeugten Nachkommen gehen entweder vorgeburtlich zugrunde, verunglücken oder fallen Krankheiten, Fressfeinden, Parasiten oder innerartlicher Konkurrenz zum Opfer. Erklärungsbedürftiger als der Tod durch äußere Einwirkungen erscheint das im Organismus selbst begründete Altern und Sterbenmüssen. Dazu meint Eugen Biser (1995, S. 115): „Das Sterbenmüssen ist die Bedingung der Weitergabe des Lebens. Individuen müssen sterben, damit ihre Nachkommen leben können." Ähnlich äußert sich Manfred Eigen (1987, S. 113): „Das Altern und Sterben des Individuums (ist) vorteilhaft für die Entwicklung der Art. – Das Individuum, das seinen Beitrag für die Evolution geleistet hat, stirbt. Tod bedeutet neues Leben für die Art." Abgesehen davon, dass die Art das falsche Bezugssystem ist, soll das Alterssterben der Individuen notwendig sein, um Platz für neue Individuen zu schaffen; der Tod der Eltern soll nützlich und notwendig sein, weil sonst für die Nachkommen zu wenig Platz und Ressourcen vorhanden wären. Aber die Sonnenrose *Cereus* unter den Seesternen wird 90, der Stör 150 Jahre alt, Fichten werden (wenn man sie lässt) 600, Zypressen und Mammutbäume 2000 Jahre alt, ohne nachfolgende Generationen erkennbar zu beeinträchtigen. Es gibt sogar einen potenziell unsterblichen Vielzeller. Es ist der marine Cnidarier *Turritopsis nutricula*, bei dem sich Zellen der geschlechtsreifen Qualle durch einen Transdifferenzierungs-Prozess (der sonst bei Regenerationsvorgängen eine Rolle spielt) zurückverwandeln in einen Polypen, der wieder neue Medusen erzeugt (Piraino et al 1996).

Es ist kein Naturgesetz, dass Individuen sterben müssen, damit ihre Nachkommen leben können. In der Natur sterben die wenigsten Individuen, gleich welcher Arten, den Alterstod. Und wenn mehr Nachkommen produziert werden, als Artgenossen durch äußere Einflüsse ohnehin zu Tode kommen, erreichen von diesen Nachkommen nur wenige das Fortpflanzungsalter.

Es gibt den sehr wichtigen programmierten Tod, die Selbstvernichtung (Apoptose) einzelner Zellen aus einem Zellverband als Überlebensschutz (Hug 2000). Zum Beispiel in Form der Degeneration der larvalen Gewebe der Kaulquappe bei der Metamorphose zum erwachsenen Amphib, des Absterbens der Zellen von Glaskörper und Linse im Dienste der Lichtdurchlässigkeit des Auges, bei der Verjüngung von Geweben (etwa des Riechepithels der Nase) oder zur Selektion unter Keimzellen (ca. 95 % der Keimzellen werden vor dem Erreichen ihrer Reife apoptotisch getötet). Apoptose vollziehen Zellen zwischen den mit ihnen verwandten Zellen, so wie sich Individuen für ihre nächsten Verwandten zum Vorteil der Weitergabe des gemeinsamen Erbgutes aufopfern können.

Dass normalerweise Individuen der meisten Arten den Tod erleiden, ist keine eigene, natürlicher Selektion geschuldete Eigenschaft, sondern ein Epiphänomen (ein Kollateralschaden) des Lebens. Das gilt für das Aussterben der meisten Arten oder den Tod aller Lebewesen. Individuen, die zu Tode kommen, ehe sie sich fortpflanzen können, sei es im Embryonalstadium oder noch nach der Reife durch widrige Umstände oder soziale Konkurrenz, gehören nicht in die Vorfahrenreihe der heute Lebenden. Unbeantwortet steht dem gegenüber die Frage von Gregor Hoff (2013, S. 416) „nach dem Sinn einer Schöpfungsordnung, die auf Tod geeicht ist

Literatur

Biser E (1995) Der Mensch – das uneingelöste Versprechen. Patmos, Düsseldorf

Brummer A, Kießig M, Rothgangel M (Hrsg) (2010) Evangelischer Erwachsenenkatechismus. adeo Verlag, Asslar

Eigen M (1987) Stufen zum Leben. Piper, München

Gasper H (2008) Die Unterscheidung zwischen „Bösem" und „Üblem" aus systematisch-theologischer Sicht. In: Berger K, Herholz H, Niemann UJ (Hrsg) Wer verantwortet das Böse in der Welt? Pustet, Regensburg, S 64–91

Hoff GM (2013) Schöpfungstheologie im Konflikt? In: Hoff GM (Hrsg) Konflikte um Ressourcen – Kriege um Wahrheit. Alber, Freiburg, S 415–427

Hug H (2000) Apoptose: Die Selbstvernichtung der Zelle als Überlebensschutz. Biologie in unserer Zeit 30:128–135

Kant I (1795) Zum ewigen Frieden. Nicolovius, Königsberg (Reprint 1987 Engelhorn, Stuttgart)

Lorenz K (1973) Die acht Todsünden der zivilisierten Menschheit. Piper, München

Lorenz, K. (1978) Vergleichende Verhaltensforschung. Springer, Wien

Overhage P (1961) Das Problem der Hominisation. In: Overhage P, Rahner K (Hrsg) Das Problem der Hominisation. Herder, Freiburg, S 91–399

Papst Franziskus (2013) Enzyklika *Lumen fidei*. Hrsg Sekretariat der Deutschen Bischofskonferenz, Bonn

Papst Pius XII (1950) Enzyklika *Humani generis*. Bachem, Köln

Piraino S, Boero F, Aeschbach B, Schmid V (1996) Reversing the life cycle: Medusae transforming into polyps and cell transdifferentiation in *Turritopsis nutricula* (Cnidaria, Hydrozoa). Biol Bull 90:302–312

Rahner K (1958) Theologisches zum Monogenismus. Schriften zur Theologie, Bd. 1. Benziger, Einsiedeln, S 253–322

Rahner K (1961) Die Hominisation als theologische Frage. In: Overhage P, Rahner K (Hrsg) Das Problem der Hominisation. Herder, Freiburg, S 13–90

Ratzinger J (1985) Zur Lage des Glaubens. Neue Stadt, München

Ratzinger J (2000) Gott und die Welt. DVA, Stuttgart

Renckens H (1959) Urgeschichte und Heilsgschichte. Grünwald, Mainz

Twomey V (2008) Der Papst, die Pille und die Krise der Moral. St.Ulrich, Augsburg

13
Historische Reste

Evolution erfindet selten etwas gänzlich Neues. Vielmehr kombiniert sie bereits Vorhandenes auf neue Weise und wandelt es beständig schrittweise ab; jedes Produkt der Evolution trägt deshalb Spuren dessen, woraus es hervorgegangen ist (Jacob 1977). Diese Überbleibsel aus vorigen Evolutionsstufen sind deshalb in der Natur allgegenwärtig. Es sind Reste der Historie und die einzige Möglichkeit, Evolutionsverläufe zu rekonstruieren. Ein Beispiel aus der kulturellen Evolution bilden die „falschen" Monatsnamen September (*septem* = sieben) bis Dezember (*decem* = zehn), die aus römischer Zeit stammen, als man das Jahr mit dem Monat März begann. Ein Rest aus der Ontogenese ist der Bauchnabel, der folgerichtig an Adam und Eva auf einigen mittelalterlichen Bildern weggelassen wurde.

Die vergleichende Morphologie zeigt im Fortgang der Evolution bei außerordentlicher Beständigkeit biologischer Strukturen (der Baupläne) dramatische Veränderungen in der Funktion ihrer Bauelemente. Stets sind heutige Körperbauelemente durch Modifikation vorher bestehender Strukturen entstanden. Auf welchen Wegen aus dem Körperbau eines Schlängelschwimmers das Skelett der Fische mit paarigen Flossen entstand und aus diesen unter späterer ökologischer Anpassung die Gliedmaßen fürs Gehen und Fliegen hervorgingen, ist Schulbuchweisheit. Teile vom Filtrierapparat schlängelschwimmender Wirbeltiervorfahren beispielsweise wurden zu Teilen des Kiemenapparats, mit dem Fische atmen, und weiter zu Knochen und Knorpel, die beim Menschen an Sprechen, Hören und am Schluckvorgang beteiligt sind.

Das ständige Weiterverwerten und Umfunktionieren vorhandener Materialien bedingt, dass im Laufe der Evolution (also im Verlauf des Schöpfungsvorgangs) regelmäßig nicht die bestmögliche, sondern die erstbeste Lösung für ein Anpassungsproblem auftritt. Die gegebenen Möglichkeiten und die ständig prüfende Selektion führen dann zu biologisch brauchbaren, aber nicht zu idealen Ergebnissen. Tatsächlich ist die organische Evolution ein großartiger, bis heute andauernder Prozess, aber mit deutlichem Mangel an Voraussicht oder Planung. An der Stelle eines Gesamtentwurfs steht eine gigantische Bastelei, ein ständiges Herumprobieren und Festhalten an kurzfristig erreichten Vorteilen. Die Ansicht von Probst Spülbeck (1948, S. 64), „der mechanischen Kausalität scheint eine finale Kausalität übergeordnet zu sein", wird von der Natur nicht bestätigt. Gott ist aus seiner Schöpfung nicht als vorausschauender Planer, sondern als genialer Flickschuster (engl. *tinkerer*) zu erkennen. Jeder Versuch, dieser Erkenntnis auszuweichen, indem man ein unserer Vernunft unzugängliches göttliches Geheimnis vorschützt, würde gegen die Vernunftvorgabe der kirchlichen Lehre verstoßen, wäre also argumentativer Unfug.

13.1 Historische Reste als Ballast

Immanuel Kant (1755, S. 353, 363) meinte, in der Natur lebender Wesen dieser Welt sei „kein Organ, kein Vermögen, kein Antrieb, also nichts Entbehrliches oder für den Gebrauch unproportioniertes" anzutreffen; alles sei „seiner Bestimmung im Leben genau angemessen". Schlecht dazu passen funktionslose historische Reste wie die rudimentären Beckenknochen der Pythonschlangen oder die im Körper der Wale lose liegenden Reste der Hintergliedmaßen, die von ihren nilpferdähnlichen vierfüßigen Ahnen von vor 50 Mio. Jahren übrig geblieben sind, auch unsere Weisheitszähne, aber eigentlich nicht der Blinddarm, denn der ist jetzt auch Teil des Immunsystems.

Thomas von Aquin sah um 1270 im Schöpfer den Meister, der wie jeder Meister seinem Werk die bestmögliche Beschaffenheit geben möchte, nicht an sich, sondern in Hinsicht auf den Zweck, und der auch dem menschlichen Körper im Hinblick auf die Funktionen harmonisch die beste Anordnung gegeben habe. Doch ganz offenkundig ist der Mensch in seiner Konstruktion ein Mängelwesen. Der Menschenkörper war, wie der aller Säugetiere, zunächst als Hängebrücke konstruiert: vorn und hinten je ein Paar Stützen, die lebenswichtigen Lasten hintereinander am Rückgrat-Tragseil hängend. Die schließlich mehr als 1,5 m große Vierfüßerkonstruktion wurde dann nachträglich senkrecht aufgerichtet, getragen von nur noch zwei Stützen. Das Gewicht der oberen Körperhälfte komprimiert nun die Wirbel der unteren Wirbelsäule, was Schmerz im unteren Rücken und Leiden an Knie und Knöcheln verursacht. Beim Vierfüßer in horizontaler Halterung hängen die Eingeweide an der oberen Bauchhöhlenwand; vertikal gestellt befinden sie sich einseitig vorn am tragenden Rückgrat und drücken aufeinander. Die Folgen sind Neigung zu Senkfüssen, Hämorrhoiden, Leistenbrüche, Kreislaufschwäche, Schwindelanfälle und Blutleere im Kopf. Das Blut drückt in die unteren Extremitäten und erzeugt Krampfadern und geschwollene Knöchel. Ursprünglich waren die Beckenknochen Stützen gegen die Schwerkraft in Rücken-Bauch-Richtung; am aufgerichteten Körper sind sie verbreitert und stützen die Last der Eingeweide. Die Vagina liegt innerhalb des massiven Beckenringes. Der Nachwuchs wird also durch den dafür zu engen Beckenring hindurch geboren, unter Risiko, und leider nicht an einer Stelle, die der geburtshelfende Arzt zum Kaiserschnitt benutzt. Da wegen der Hirnentwicklung der Menschenkopf besonders groß wird, aber bei der Geburt durch den Beckenring passen muss, wird das Kind in einem sehr frühem Entwicklungsstadium geboren, was danach eine sehr lange Abhängigkeit von Erwachsenen bedingt. Im Laufe des Lebens wird die Konstruktion des Menschen weiter geändert: Jeder Säugling kann noch gleichzeitig atmen und trinken; aber dann wird nachträglich der Kehlkopf zum Sprechen umgebaut und abgesenkt. Nun kreuzen sich Luftröhre und Speiseröhre, und wir riskieren, uns zu verschlucken und daran zu ersticken. Wenn ein optimal funktionierender, aufrecht gehender, sprechender Mensch das Schöpfungsziel war, hätte er sehr anders aufgebaut sein müssen als man ihn heute vorfindet.

Thomas von Aquin nennt als Beispiel für vorzügliche Konstruktion den alleredelsten Sinn des Menschen, das

Auge. Goethe pries es als sonnenhaft – tatsächlich ist es so sonnenhaft wie ein Taschentuch nasenhaft ist, brauchbar, aber kein Spitzenprodukt. Denn die Augen aller Wirbeltiere enthalten einen universalen Konstruktionsfehler. Sie sind zwar wie eine gute Kamera konstruiert, aber mit falsch eingelegtem Film. Die lichtempfindliche Schicht der Netzhaut (Retina) zeigt nämlich vom Licht weg zum Kopfinneren. Dass das nicht so sein muss, zeigen die Tintenfische; sie haben die lichtempfindliche Schicht – richtig – nach vorn orientiert.

Die biologisch-historischen Ursachen für solche Konstruktionsmissgeschicke sind dem Naturwissenschaftler bekannt; sie liegen im Gang der Evolution. Philosophen und Theologen beschäftigen sich aber statt mit den Fakten der Evolution mit Sinn und Ziel der Schöpfung. Einen vorgegebenen Sinn möchten sie aus der Funktionstüchtigkeit von Strukturen und Fähigkeiten der Geschöpfe erkennen, verlassen sich dabei aber immer noch weitgehend auf Autoren wie Thomas von Aquin, für den Schönheit und Zweckmäßigkeit subjektiv erfühlte Merkmale der Schöpfung waren. Mittelalterlichen Autoren folgend, suchen und finden Theologen Sinn und Ziel in der Schöpfung nur an von ihnen passend ausgewählten Beispielstrukturen, aber nicht – was konsequent wäre – überall dort, wo sich die Sinnfrage stellt. Natürliche Zweckmäßigkeit ist eine gewordene objektive Struktureigenschaft der Evolutionsprozesse, die keine Absicht erfordert. Die naturwissenschaftlich irrelevante Frage lautet dann, ob mit fehlender Absicht auch der Sinn fehlt.

13.2 Historische Reste als Basis für Neues

Durch Evolution als das Grundprinzip der lebendigen Schöpfung entsteht nützliches Neues regelmäßig aus bereits Bestehendem, sowohl im Körperbau als auch im Verhalten.

13.2.1 Lehrbuchbeispiele aus dem Körperbau

Die kleinsten Knochen des menschlichen Körpers sind die Gehörknöchelchen, drei gelenkig miteinander verbundenen Knochen (Hammer, Amboss und Steigbügel bzw. Malleus, Incus, Stapes), die den Schall vom Trommelfell ins Innenohr an die Membran des ovalen Fensters weiterleiten und ihn dabei mechanisch verstärken. Ursprünglich, und heute noch bei Fischen, sind es Bestandteile der Oberkieferaufhängung. Ein anderes Beispiel ist die Lunge. Die Vorfahren der Landwirbeltiere mussten, wie heute noch manche Fische, im flachen, warmen Süßwasser die Kiemenatmung durch Luftschlucken ergänzen. Dazu diente eine Ausstülpung des Schlundes. Bei landlebenden Wirbeltieren wurde der Luftsack bauchwärts verlagert und zur Lunge verbessert. Immer noch entsteht die Lunge beim Embryo aus einer Falte der Speiseröhre und bleibt über die Luftröhre mit dem Vorderdarm verbunden. (Bei Fischen, die sauerstoffreiches Süß- oder Salzwasser besiedelten, wurde die Schlundausstülpung zur Schwimmblase umgebildet.)

Weibliche Fledermäuse haben überzählige Brustzitzen umgebildet zum „Anknöpfen" ihrer Jungen, die sich mit dem Mund daran festhalten, wenn die Mutter sie auf Ausflügen mitnimmt.

13.2.2 Bizarre Kopulationsmethoden

Es war offenbar die Konkurrenz unter Männchen, die eigenen Spermien möglichst nahe an die weiblichen Eizellen zu bringen, die bei vielen Wirbellosen die Evolution einer „traumatischen Begattung" auslöste. Verschiedene Insektenmännchen haben ein Begattungsorgan, das in die weibliche Geschlechtsöffnung nicht nur eingeführt wird, sondern deren Wand mit einer Spitze durchstößt, sodass die Spermien dichter an den Eierstock geraten. Die Weibchen der Blütenwanzen (*Xylocorini*) besitzen zwar normal ausgebildete weibliche Geschlechtsorgane, aber als historische Reste, die zur Paarung nicht mehr benutzt werden. Stattdessen stechen ihre Männchen mit einem Dorn vor dem Penis Löcher irgendwo in den Körper des Weibchens und ejakulieren das Sperma dorthinein. Bis die so entstehenden Wunden heilen, sind sie für das Weibchen abträglich und begünstigen Infektionen. Die Weibchen der Gattung *Coridromius* haben deshalb dort, wo der Einstich des Männchens normalerweise erfolgt, ein besonderes neues Körpergewebe, ein Hilfsgeschlechtsteil, welches die Spermien aufnimmt und weiterleitet (Tatarnic, Gerasimos, Hochuli 2006).

Was man vom ursprünglichen Zustand aus betrachtet als unnatürliche sexuelle Aberration hätte bezeichnen können, wurde im Laufe der Evolution nicht ausgemerzt, sondern führte im Gegenteil zu einem neuen Normalzustand. Der Körperbau passte sich der extragenitalen Kopulation an. Das ist ein markantes Beispiel für Verhalten als plastischstem Element der Lebewesen; es ist üblicherweise Schrittmacher der Evolution und geht jeder Höherentwicklung voran.

Literatur

Jacob F (1977) Evolution and tinkering. Science 196:1161–1166

Kant I (1755) Von den Bewohnern der Gestirne, I. Kant's gesammelte Schriften, (Hrsg) Königl Preuß Akad Wiss Berlin (ab 1900)

Papst Pius XII (1950) Enzyklika *Humani generis*. Bachem, Köln

Spülbeck O (1948) Der Christ und das Weltbild der modernen Naturwissenschaft. Morus, Berlin

Tatarnic NJ, Gerasimos C, Hochuli DF (2006) Traumatic insemination in the plant bug genus *Coridromius* Signoret (Heteroptera: Miridae). Biol Lett 2:58–61

14
Evolutionsstufen der Sexualität

In der Schöpfung fällt nichts neu vom Himmel. Jede sogenannte höhere Seinsstufe entsteht in der Natur aus einer niedrigeren. Das im Hinblick auf moralische Normen zu beachten, ist in puncto Sexualität sehr wichtig.

14.1 Ergänzungssexualität

Sexualität beginnt bei den einfachsten einzelligen Lebewesen – Bakterien, Algen, einfache Fadenpilze, einzellige Protozoen (Ciliaten) –, indem ein Individuum während einer (Konjugation genannten) Paarung Genmaterial durch eine Plasmabrücke von einem anderen übernimmt oder an ein anderes übergibt. Die Partner können auch gegenseitig Teile der Erbsubstanz austauschen. Die Partner trennen sich dann wieder oder verschmelzen ganz miteinander. Diese ursprünglichste Form der Sexualität wird auch als Parasexualität bezeichnet, weil nur Teile der Erbsubstanz neu gemischt werden. Sie ist nicht mit Vermehrung, der Weitergabe des Lebens, verbunden (zur Vermehrung kommt es bei diesen Lebewesen durch Zweiteilung), sondern dient der Ergänzung des eigenen Erbmaterials und der Reparatur von genetischen Ausfällen. Einen Vorteil davon haben durch gegenseitige Vervollkommnung die beteiligten Individuen selbst.

Der Paarung vorausgehen kann schon bei Ciliaten (Wimpertierchen, beispielsweise *Stylonychia*) eine Partnerwahl mit komplexem Paarungsvorspiel, ähnlich wie bei hochstehenden Wirbellosen und Wirbeltieren.

14.2 Reproduktionssexualität

Vielzellige Organismen zeichnen sich durch Aufgabenteilung unter ihren Zelltypen und Geschlechtszellen (Gameten) aus, mit deren Hilfe genetisches Material von geschlechtsverschiedenen Elternindividuen neu gemischt wird. Man spricht von echter Sexualität, weil ganze Gensätze aus den Gameten in der entstehenden Zygote miteinander vereinigt werden. Mit der Zygote beginnt ein neuer Organismus. So ist diese Form der Sexualität mit Fortpflanzung verknüpft.

Das Zusammentreffen der Keimzellen geschieht zunächst ohne physische Vereinigung der Elternindividuen, die Keimzellen treffen sich außerhalb der Eltern im freien Wasser (so bei Korallen, Seeigeln und manchen Fischen). Gezielt übertragen werden die Keimzellen bei vielen Wirbellosen und unter Wirbeltieren bei Molchen indirekt, immer noch ohne körperliche Berührung der Partner (das Männchen setzt Sperma ab, das Weibchen nimmt es an der Stelle auf). Ökonomischer und noch gezielter zusammengeführt werden die Keimzellen schließlich durch direkte Übertragung von einem Partner in den anderen unter körperlicher sexueller Vereinigung der Elternindividuen. Dazu muss häufig die unter Fremden übliche Scheu vor körperlicher Nähe und Berührung abgebaut und Vertrauen aufgebaut werden. Das bewirken Paarungsvorspiele, zum Beispiel mit Futterübergaben oder gegenseitiger Körperpflege.

Der Vorteil der Neukombination des Erbmaterials aus den Gameten liegt bei den aus der Zygote entstehenden Nachkommen, nicht in gegenseitiger Vervollkommnung der Gametenspender oder der sich paarenden Elternindividuen.

14.3 Soziosexualität

Die Verhaltensweisen, die im Paarungsvorspiel Vertrauen schaffen, sind zunächst reproduktionssexuell motiviert. Sie bereiten das Zusammenführen der Keimzellen vor bis zur geschlechtlichen Vereinigung der Paarungspartner. Diese Verhaltensweisen (beispielsweise Futterübergabe, gegenseitige Körperpflege oder andere körperliche Kontakte) wurden in der Evolution verselbstständigt, von reproduktionssexueller Motivation emanzipiert und als soziosexuelles Verhalten ausgenutzt zum Aufbau und Erhalt sozialer Bindungen außerhalb der Fortpflanzungsdomäne. Sie stehen dann im Dienst der Beständigkeit und Weiterentwicklung einer dauerhaften Paarbindung auch in fortpflanzungsfreien Zeiten, und zwar auch bei Tierarten, die keine Brutpflege betreiben.

Solches soziosexuelles Verhalten kann zu einem aufwendig und paarweise erlernten Ritual ausgebaut werden (zum Beispiel als komplexer Duettgesang bei Singvögeln). Dann führt diese beiderseitige Investition zu dauerhafter Stabilisierung einer monogamen Paarbeziehung, weil es vorteilhafter ist, in einer eingespielten Partnerschaft zu bleiben, als nach einem Partnerwechsel erneuten Lernaufwand zu treiben. Hinzu kommt dann ein Sorgen für den Partner, um zu verhindern, dass ein Fressfeind mit dem Partner die eigene Investition zunichtemacht (Wickler 2009). Vom soziosexuellen Verhalten profitieren die beteiligten Individuen, im Falle von Brutpflege auch die Nachkommen.

Arten mit komplexem Sozialleben verwenden soziosexuelle Verhaltensweisen – einschließlich der Darbietung und Stimulierung der Genitalien – allgemein für soziale Bindungen zwischen geschlechtsgleichen und geschlechtsverschiedenen Individuen, sei es zur Bekräftigung dauerhaften Vertrauens oder zur Beschwichtigung in Spannungssituationen. Bei Säugetieren und Primaten treten sie auch im Zusammenhang mit Dominanz und Rangordnung auf sowie allgemein zur Stabilisierung der Sozietät (Wickler 1971).

Soziosexuelles Verhalten ersetzt aber die Fortpflanzung nicht. Vielmehr treten von Fischen bis zum Menschen jetzt dieselben formgleichen Verhaltensweisen in verschiedenen Funktionen auf, in der neuen soziosexuellen Funktion meist häufiger als in der alten fortpflanzungsbezogenen. Entsprechend verschieden sind sie nun motiviert („gemeint"). Viele Säugetiere kopulieren regelmäßig auch außerhalb der Fortpflanzungszeit, indische Stachelschweine beispielsweise täglich, und zwar stets nach Aufforderung durch das Weibchen, auch wenn es trächtig ist oder Junge säugt (Sever, Mendelssohn 1988). Bei Pavianen führt erst eine Serie von Kopulationen zur Ejakulation, sodass der einzelne Akt allein für eine Partnerbindung zur Verfügung steht. Paviane demonstrieren im Gruppenalltag ständig aus dem Fortpflanzungsverhalten emanzipierte und von sexueller Motivation abgekoppelte Verhaltenselemente. Deswegen gelten sie dem uninformierten Zoobesucher als „hypersexualisiert". Der uns Menschen am nächsten verwandte Bonobo (*Pan paniscus*) setzt im täglichen Leben zwischen gleich- und verschiedengeschlechtlichen Partnern – um Freundschaften zu schließen, soziale Spannungen abzubauen, nach einem Streit oder um einen solchen zu vermeiden – das ganze Repertoire männlichen und weiblichen Sexualverhaltens ein, vom Vorweisen und gegenseitigen Stimulieren der Genitalien bis zur Kopulation (Waal 1987).

14.4 Einige soziosexuelle Signale von Primaten einschließlich des Menschen

14.4.1 Der Phallus als Machtsymbol

Die naturgegeben unausweichliche Konkurrenz männlicher Individuen um weibliche Paarungspartner macht den Paarungsvollzug eines Männchens zum Indiz seiner Dominanz, nicht über die Paarungspartnerin, sondern sozial nach außen gerichtet gegenüber seinen Rivalen. Funktionell vorgegeben ist damit ein Zusammenhang von sozialer Dominanz mit dem erigierten Penis und Kampfbereitschaft. Der Penis dient nun vielen Primaten als Drohsignal und wird farblich betont. Viele erwachsene Primaten entwickeln an den Genitalien die buntesten Hautfarben, die überhaupt bei Säugetieren vorkommen. Zur Abwehr Gruppenfremder stellen wachesitzende Affenmännchen ihr erigiertes Glied zwischen gespreizten Knien zur Schau. Männliche Totenkopfäffchen halten als Dominanzsignal ihr erigiertes Glied Rangtieferen vors Gesicht. Auch der Mensch verwendet das erigiert gezeigte männliche Glied, den Ithyphallus, als Zeichen für Dominanz und Macht und als drohend abweisendes Signal. Beispiele sind die in vielen Völkern weit verbreiteten ithyphallischen Hermen, Wächter-Steinsäulen vor Häusern und Tempeln, an Feldern und wichtigen Wegkreuzungen. In Indonesien werden solche Stelen, aus Holz geschnitzt, oft mit rot angemaltem Genitale und unverkennbarer Drohmimik, zur Unheilabwehr an Haus- und Dorfeingängen, an Besitzgrenzen und Gräbern, zuweilen auch als Vogelscheuchen auf Reisfeldern aufgestellt. Die Meinung, es handle sich dabei um Symbole der Fruchtbarkeit, führt irre; zwar sollen solche Figuren, an einem Feld aufgestellt, vielleicht dem Ernteertrag nützen, aber nicht, indem sie direkt die Fruchtbarkeit fördern, sondern als apotropäische Phalli zur Abwehr alles Dämonischen, das der Ernte gefährlich werden könnte (Wickler 1971, Gassner 1993).

Die obersten Gottheiten Shiva in Indien und Tlaloc in Mexico wurden mit aufragendem Phallus dargestellt, ebenso im alten Ägypten der uranfängliche Schöpfergott Re-Atum in seiner Rolle als Wächter über die Ordnung der Welt. Szepter und andere phallische Insignien der Macht in zeitgenössischer Literatur behandelt ausführlich Peter von Matt und schreibt (1995, S. 348, 352): „der Phallus will regieren", aber eben nicht „im genitalen Sinn", wie er meint, sondern im Sinne reiner Machtsymbolik.

14.4.2 Die Kopula als Zeugnis der Macht

Aufreiten wie zur Kopulation dient bei Pavianen und anderen Primaten als Dominanzgeste, auch zwischen männlichen Tieren. Ferner kann sich im Tierreich in der ständigen Männchenkonkurrenz um Paarungspartner nur der Ranghöchste einen Weibchenharem leisten; Ranghöhe ist dann Vorbedingung für Haremsbesitz. Beim Menschen, der den Kontext versteht, kann umgekehrt Haremsbesitz zum Zeichen für Ranghöhe und Macht werden, so die Prestigepolygamie im Alten Testament zur Zeit der Richter und Könige (1200 bis 900 v. Chr.). Als Demonstration, dass er seinen Vater David vertrieben und die Macht übernommen hatte, schlief Absalom (942 v. Chr.) öffentlich mit dessen zehn Nebenfrauen (2Sam 16, 22). Auch heutzutage werden bei kriegerischen Auseinandersetzungen die Frauen der unterlegenen Partei von den Siegern vergewaltigt, nicht, um für den Vergewaltiger Nachkommen zu zeugen – die Frauen und Mädchen werden ja nicht wie beim Frauenraub der Siegerfamilie eingegliedert –,sondern vielmehr als Zeichen der Machtübernahme durch die Sieger.

Literatur

Gassner J (1993) Phallos; Fruchtbarkeitssymbol oder Abwehrzauber? Böhlau, Wien

von Matt P (1995) Verkommene Söhne, mißratene Töchter. Hanser, München

Sever Z, Mendelssohn H (1988) Copulation as a possible mechanism to maintain monogamy in porcupines, *Hystrix indica*. Anim Behav 36:1541–1558

Waal F (1987) Tension regulation and nonreproductive functions of sex in captive bonobos. Natl Geogr Res 3:318–335

Wickler W (1971) Über stammes- und kulturgeschichtliche Semantisierung des männlichen Genitalpräsentierens. Aktuelle Frag Psychiatr Neurol 11:122–137

Wickler W (2009) Vögel singen grammatisch geordnete Duette. Wozu? In: Pöllath J (Hrsg) Vogelstimmen in Musik und Naturwissenschaft. Books on Demand, Norderstedt, S 11–17

15
Sexualität aus theologischer Sicht

Im Laufe der Evolution (der Schöpfungsgeschichte) sind dem Sexualverhalten nacheinander drei biologische Funktionen oder Bedeutungen zugekommen: 1) genetische Ergänzung oder Bereicherung; 2) Fortpflanzung mit Vermehrung; 3) soziale Bindung. Diese Funktionen entstanden in dieser Reihenfolge und bestehen nebeneinander. Aus psychologischer Sicht nennt Görres (1983) die Sexualität ein biopsychologisches Mehrzwecksystem. Das wäre theologisch zu berücksichtigen.

15.1 Theologische Deutung der Sexualität

Seit Augustinus und Thomas von Aquin verknüpft die katholische Theologie mit der Sexualität drei Funktionen oder Güter, in aufsteigender(!) Bedeutung: 1) die Fortpflanzung zur Arterhaltung bzw. Vermehrung zum Ausgleich der Todesfälle (insoweit *homo est animal*), 2) die treue Partnerbindung und gegenseitige Bereicherung (insoweit *homo est homo*), 3) das Sakrament, als wirkkräftiges Abbild der Hingabe Christi an die Kirche (insoweit *homo est fidelis*).

Nachkommenschaft, Treue und Sakrament bestätigt auch Papst Pius XI. (1930, Enzyklika *Casti connubii*) als Güter der Ehesexualität. So verstanden sind Sexualität und die sexuellen Handlungen der Ehepartner im sakramentalen Sinn geheiligt.

Seit dem Mittelalter bis ins zweite vatikanische Konzil 1965 argumentierte die katholische Kirche in der moraltheologischen Tradition wie in der Lehrverkündigung mit dem Naturrecht, das sich an der Natur ausrichtet. Für Thomas von Aquin ist das Naturrecht aus der Natur aller Tiere ersichtlich (*Ius naturae est, quod natura omnia animalia docuit*). Als natürlich galt, was die philosophisch-theologischen Denkgewohnheiten für gottgefällig hielten. Es gab unter den maßgeblichen Denkern zu Thomas' Zeit keinen Zweifel daran, dass im Tierreich sexuelles Verhalten auf die Fortpflanzungszeit beschränkt und an die Erzeugung von Nachwuchs gekoppelt ist. Dementsprechend galt auch für Menschen jedes nicht auf Zeugung und Erziehung von Nachkommenschaft hingeordnete Sexualverhalten als widernatürlich und ethisch unerlaubt.

Im Gegensatz zum Wunschdenken mancher Theologen und Moralphilosophen zeigen aber viele Tiere soziosexuelles Sexualverhalten regelmäßig auch außerhalb der Fortpflanzungszeit und kopulieren nicht nur zum Zwecke der Fortpflanzung. Die dem entsprechenden Konsequenzen für den Menschen zog vorbildlich der katholische Moraltheologe Richard Egenter (1974): „Es gibt im Leben der heutigen Gesellschaft eine Fülle von Beziehungen, bei denen sexuales Empfinden mitschwingt. – Eine solche sexuale Färbung zwischenmenschlicher Beziehungen kann einen positiven Sinn haben, auch wenn keine Ausrichtung auf die volle eheliche Sexualgemeinschaft vorliegt. – Unsere soziokulturellen Verhältnisse bieten nun einmal eine breite Berührungsfläche für die Begegnung der Geschlechter. Also wird man von Neuem nachzudenken haben, wie weit auch der unverheiratete Mensch ein Recht hat, sexual mitbetonte Begegnungen und Beziehungen je nach Situation zu erfahren und mit wachsamem Gewissen zu bejahen, sofern er erst dadurch zu affektiver Reife und zu voller Kontaktfähigkeit kommt. – Man wird also mehr als bisher darüber nachdenken müssen, wie weit für die menschliche Selbstverwirklichung eine unbefangene Hinwendung zum Sexualbereich und auch eine gewisse Realisierung sexual geprägten Verhaltens nötig oder doch verantwortbar ist." Er warnte vor der „Gedankenlosigkeit, einfach einen seit Generationen überlieferten Sündenkatalog zu übernehmen", und forderte stattdessen richtige Denkansätze und deren verantwortungsbewusstes, sachkundiges und sachverständiges Weiterdenken, um „ohne Kapitulation vor dem Meinungsdruck der heutigen Umwelt die Wahrheit zu suchen".

Im tierischen Verhalten findet man zwar Beispiele für uns Menschen Gebotenes wie auch Verbotenes. Andererseits hält es der Mensch für seinen göttlichen Auftrag, sich die Natur dienstbar zu machen, und er ist dazu auch fähig. Ganz offensichtlich kann dann dem Menschen nicht nur das erlaubt sein, was auch bei anderen Organismen vorkommt, beziehungsweise alles verboten sein, was bei Tieren nicht vorkommt (grenzenlose altruistische Nächstenliebe zum Beispiel). Deshalb ist es für Theologen ohnehin ein fragwürdiger Schritt in Richtung zum Biologismus, wenn sie sich auf das sogenannte Naturrecht berufen, um aus den Istzuständen der Natur die Sollwerte für menschliches moralisches Verhalten herzuleiten. Seit David Hume (1740) gilt als metaethisches Gesetz, dass ein Übergang von deskriptiven zu normativen Aussagen durch rein logische Ableitungen nicht möglich ist. Selbst wenn im Tierreich Paarung und Fortpflanzung immer streng miteinander verbunden wären (was sie nicht sind), wäre daraus nicht notwendig abzuleiten, dass es dem Menschen verboten sei, im Paarungsakt die Zeugung neuen Lebens zu unterbinden (Wickler 1970).

15.2 Päpstliche Deutung der Sexualität

In der Evolution sind – nicht im Dienst der Erhaltung der Art – die drei genannten Ausformungen der Sexualität entstanden: zur genetischen Ergänzung, zur Fortpflanzung und zur sozialen Bindung. Sie haben sich jeweils aus der vorangehenden entwickelt, bauen aufeinander auf und bestehen mit je eigener Funktion bzw. Bedeutung nebeneinander (Wickler 1968, 1969, 2011). Im Gegensatz dazu behauptet Joseph Ratzinger als Papst Benedikt XVI. (2010, S. 180): „Die Evolution hat die Geschlechtlichkeit zum Zwecke der Reproduktion der Art hervorgebracht. Das gilt auch theologisch gesehen. Der Sinn der Sexualität ist, Mann und Frau zueinander zu führen und damit der Menschheit Nachkommenschaft, Kinder, Zukunft zu geben. Das ist die innere Determination, die in ihrem Wesen liegt. Alles andere ist gegen den inneren Sinn von Sexualität."

Er benutzt hier den Begriff „Evolution" zur Unterstützung einer sachlich falschen Aussage, um in der Tradition früherer amtskirchlicher Aussagen zu bleiben. Augustinus hatte im 4. Jahrhundert konstatiert, der eheliche Verkehr selbst mit der rechtmäßigen Gattin sei dann unerlaubt und unsittlich, wenn dabei die Weckung neuen Lebens verhütet wird. Im Vertrauen auf Augustinus konnte Papst Pius XI. 1930 fordern: „Die Eheleute müssen sich in allem nach den Normen des göttlichen Gesetzes und des Naturgesetzes richten" (*Casti connubii* 21); „jeder Gebrauch der Ehe, bei dessen Vollzug der Akt durch die Willkür der Menschen seiner natürlichen Kraft zur Weckung neuen Lebens beraubt wird, verstößt gegen das Gesetz Gottes und der Natur" (*Casti connubii* 56). Und Papst Paul VI. verkündete dementsprechend 1968 als zuverlässige Lehre, die sich auf das Naturgesetz gründet, „dass jeder eheliche Akt offen bleiben muss für die Weitergabe des Lebens", denn es existiere eine „untrennbare Verbindung der zweifachen Bedeutung des ehelichen Aktes, ... nämlich die liebende Vereinigung und die Fortpflanzung" (*Humanae vitae* 11, 12). Diese, wie es heißt „sich immer gleich bleibende Lehre der Kirche" wird an dieser Stelle (29) zur Glaubenswahrheit und Lehre Christi erklärt, und für Papst Johannes Paul II. (1988) stellt eine Ablehnung dieser Lehre gar die Vorstellung von der Heiligkeit Gottes in Frage und macht das Geheimnis Gottes und das Kreuz Christi nichtig. Den Gläubigen wird eingeschärft: „Die Bischöfe und der Papst sind auch dann authentische Zeugen und Lehrer der Wahrheit des Evangeliums, wenn sie nicht mit letzter Verbindlichkeit sprechen. Deshalb müssen die Gläubigen mit einem im Namen Christi vorgetragenen Spruch ihres Bischofs und erst recht des Bischofs von Rom in Glaubens- und Sittensachen übereinkommen und ihm mit religiös gegründetem Gehorsam anhangen" (Dogmatische Konstitution der Kirche *Lumen Gentium* 1964, S. 25).

Zur Zeit dieser Päpste sind jedoch die in der Natur der Geschöpfe verwirklichten Evolutionsstufen der Sexualität allgemein bekannt. Man weiß, dass schöpfungsgemäß Paarung ursprünglich nicht der Fortpflanzung dient, dass weit verbreitet unter den Organismen ungeschlechtliche und eingeschlechtliche Fortpflanzung (Parthenogenese) ohne Paarung vorkommen, dass also Paarung und Fortpflanzung nicht naturgesetzlich untrennbar sind. So besteht nun für die herrschende Doktrin das Dilemma, entweder das Naturrecht samt den für den Menschen daraus erwachsenden moralischen Folgerungen der Schöpfung anzupassen, oder aber neue, vom Naturrecht abweichende Begründungen für die verkündete, in der ständigen und allgemeinen Tradition der Kirche und feierlichen Entscheidung des Heiligen Konzils von Trient verankerte Sexualmoral zu suchen. Immerhin erfordert es starke Argumente zu behaupten, die naturgegebenen Neigungen und Gesetzmäßigkeiten seien der Natur des Menschen nicht gemäß.

Karl Rahner (1974) bemühte sich, die in *Humanae vitae* aufgestellte Norm als eine der sittlichen Entwicklung der Gesellschaft vorauseilende „Zielnorm" hinzustellen. Als theologische These ist das vielleicht denkbar, angesichts der real vorgegebenen biologisch-kulturellen Evolution der Schöpfung aber gänzlich unplausibel.

Für Richard Egenter (1974) war klar: Die Weiterentwicklung der Menschheit „bringt Akzentverschiebungen für das Sexualethos mit sich, wodurch zum Beispiel der Zeugungszweck zugunsten der personalen Liebes- und Lebensgemeinschaft mehr zurücktritt; der Geschlechtsakt ist

Ausdruck der Liebe und kann der Zeugung dienen. Der Bezug des Leibes auf die menschliche Gesamtpersönlichkeit rechtfertigt eine Manipulierung im biologisch-physiologischen Bereich wohl auch da, wo es nicht nur um die leibliche Gesundheit, sondern um das Gesamtbefinden des Menschen geht. Schließlich hat das kirchliche Lehramt im Bereich des innerweltlichen Ethos doch mehr eine sekundäre, kritische bzw. helfende Aufgabe." Der Moraltheologe Franz Böckle (1977, S. 264) betont, „dass die theologische Ethik keine naturwidrigen Forderungen stellen darf"; und (1967, S. 264): Der eheliche Akt „hat immer und in jedem Fall der Gattengemeinschaft zu dienen ... ohne Rücksicht darauf, ob *in concreto* phyiologisch die Fortpflanzungsmöglichkeit auf irgendeine Weise ausgeschlossen ist", denn es könne nicht mehr einsichtig bewiesen werden, dass der Mensch selbst nicht steuernd in die biologisch-physiologischen Abläufe eingreifen dürfe.

Ganz im Gegensatz dazu stehen die verschärften Vorschriften von Paul VI. in *Humanae vitae* (14): „Ebenso ist jede Handlung verwerflich, die entweder in Voraussicht oder während des Vollzugs des ehelichen Aktes oder im Anschluss an ihn beim Ablauf seiner natürlichen Auswirkungen darauf abstellt, die Fortpflanzung zu verhindern, sei es als Ziel, sei es als Mittel zum Ziel." Wer dem folgend auch die soziosexuellen Verhaltenselemente unterlässt, die bei Tier und Mensch zur partnerbindenden Zärtlichkeit ummotiviert sind, behindert damit die Partnerbindung. Genau davor hatte übrigens bereits 1965 die Pastoralkonstitution *Gaudium et Spes* (51) gewarnt: „Wo nämlich das intime eheliche Leben unterlassen wird, kann nicht selten die Treue als Ehegut in Gefahr geraten" (Hünermann 2004).

Das päpstliche Nichtbeachten der Soziosexualität kann also schwerwiegende Folgen für diejenigen haben, die sich an päpstliche Weisungen halten wollen. Obendrein wird mit dem Unterdrücken dieser soziosexuellen Handlungen die nach kirchlicher Auffassung im ehelichen Intimverhalten symbolisierte Sicht auf die Begegnung Christi mit der Kirche gefährdet und damit der sakramentale Bezug zu Gott gestört.

Der Unterschied zwischen Soziosexualität und Reproduktionssexualität, beides gleichermaßen naturgemäße und naturgesetzliche Formen der Sexualität, bleibt in der päpstlichen Sexualethik unberücksichtigt. Solange aber die päpstliche Interpretation der Schöpfungswirklichkeit nicht mit dem Stand der wissenschaftlichen Ergründung der Natur in Einklang gebracht ist und lehramtliche Weisungen gegen besseres Wissen stehen, unterminiert das Lehramt selbst seine Glaubwürdigkeit. „Wir hegen die Befürchtung, dass ein Festhalten an bestimmten historisch bedingten Interpretationen der Sexualität unsere Aussagen nicht nur unglaubhaft macht, sondern uns zudem der besten Chancen berauben würde, unserer jungen Generation den Weg zu einem sinnerfüllten sittlichen Leben zu weisen" (Böckle und Köhne 1976, S. 25).

Die Anwendung künstlicher Empfängnisverhütung ist (wahrscheinlich nur) dem Menschen möglich und ist der ihm angemessene Weg, das Entstehen von Nachkommen zu verhindern und dennoch die soziosexuelle liebende Zärtlichkeit und Vereinigung mit dem Partner (einschließlich des Sakramentums) frei verfügbar zu behalten. Die Sorge um möglichen Missbrauch besteht selbstverständlich wie bei allen technischen Hilfen, taugt aber nicht als Argument gegen deren rechten Gebrauch.

Was in der päpstlichen Beurteilung der Sexualität fehlt, ist die unmittelbare eigene Erfahrung, das individuelle Erleben, für das die Bibel den Begriff „erkennen" benutzt. „Die große Bedeutung der Erfahrung wird hier oft verkannt, weil man ihre Gefahren fürchtet", meinte Egenter (1974). Diese Erfahrung existiert aber, sogar aus theologischer Perspektive, in katholischen Priestern, die geheiratet haben, oder in ehemals der Church of England angehörenden konvertierten Priestern, die weiterhin mit ihren Familien leben. Für Kardinal Joseph Ratzinger ist eigenes Erleben jedenfalls in anderem Zusammenhang maßgeblich bedeutsam, nämlich in der Frage nach dem Fegfeuer. Dessen Existenz hält er (1985, S. 153) für gegeben, „weil nur so wenige Dinge so unmittelbar, so menschlich und so allgemein verbreitet sind – zu jeder Zeit und in jeder Kultur – wie das Gebet für die eigenen lieben Verstorbenen". – „Für die eigenen Lieben zu beten ist ein zu unmittelbarer Antrieb, als dass er unterdrückt werden könnte." – „Man müsste das Fegfeuer erfinden, wenn es nicht existierte." Ebenso müsste man, wenn sie nicht schon existierten, zur Partnerbindung soziosexuelle Handlungen erfinden, deren unmittelbarer Antrieb ebenfalls schwer unterdrückt werden kann. Ein Beispiel dafür schildert die Bibel von Onan (Gen 38, 9), der den soziosexuellen Akt mit der Witwe seines Bruders klar von der Reproduktionsfunktion trennte.

15.3 Sexualität und Familienstruktur

Die soziale Funktion der Sexualität wird sichtbar in der Familienstruktur. Mit wie vielen Partnern des anderen Geschlechts ein Individuum sich paaren oder zu längerer Gemeinschaft zusammenschließen kann, ist an Umwelt- und sozialen Bedingungen angepasst und kann innerhalb derselben Art von Ort zu Ort und von Zeit zu Zeit wechseln. Vogelweibchen gehen oft lieber als Nebenweibchen zu einem reichen Revierbesitzer und ziehen da starken Nachwuchs auf, statt kümmerlichen Nachwuchs als Einzelweibchen bei einem armen Schlucker. Einen Musterfall unter den Säugetieren bildet die Afrikanische Striemengrasmaus (*Rhabdomys pumilio*). Sie zeigt abhängig von genetischer Variation, Entwicklungsverlauf und Umgebungsfaktoren als natürliche soziale Anpassungsformen sowohl solitäres Leben mit gelegentlicher Paarung als auch Zusammenschlüsse in Form von Monogamie, Polygynie und Polyandrie (Schradin 2013).

Im Tierreich ist keine sogenannte „Höherentwicklung zur Monogamie" erkennbar. Obwohl sie weit verbreitet vorkommt, stellt weder sie noch irgendeine andere Paarungs- oder Familienform regelmäßig Anfang oder Ende von Evolutionsreihen dar. Unter den Menschen führt schon das Alte Testament der Bibel Ehen in vielfältiger Gestalt vor. So war in Israel wie im übrigen Alten Orient zur Erhaltung und Besitzstandswahrung von Sippe und Stamm bei hoher Kindersterblichkeit und geringer Lebenserwartung neben Monogamie auch Polygamie üblich; zumindest konnte ein Mann Sklavinnen-Konkubinen haben. Bei Kinderlosigkeit der Ehefrau trat an deren Stelle rechtlich eine Magd (Gen 16, 1–3). Unter den Patriarchen war eine patriarchalisch-polygame Familienstruktur gültig, zur Zeit der Richter und Könige Prestigepolygamie. Nach Hermann Ringeling (1966, S. 96) verdankte sich das „Gefälle zur Monogamie in der biblischen Zeit entscheidend den wirtschaftlichen und zivilisatorischen Gründen", während die „einmal institutionalisierte Monogamie sich selbst gleichsam nach dem sozialen Trägheitsgesetz erhält", von den herrschenden ökonomischen Umständen gestützt.

Auch heutzutage bleibt beim Menschen nirgendwo das Sexual- und Familienleben ungeregelt, wohl aber ist die verwirklichte Gestalt der Familie als soziales Phänomen ökonomisch und historisch bedingt. Vielerorts sind Familien entsprechend variabel strukturiert, abhängig von wirtschaftlich-sozialen Verhältnissen. In Tibet zum Beispiel kommt Brüder-Polyandrie sehr selten bei viehzüchtenden Nomaden vor, aber häufig in den Ackerbaugebieten. Ursache sind die begrenzten Landparzellen, die trotz Wassermangel gerade noch bestellt werden können. Die Ernte reicht, wenn die Brüder zusammenarbeiten. Sie würden zu Bettlern, bildeten sie eigene Familien (Hermanns 1959). Peter Freuchen (1961) erlebte unter den Eskimos, dass, wo Frauenmangel herrscht, mehrere Männer eine Frau gemeinsam besitzen. Und allein weit umherstreifende Männer haben an verschiedenen Orten Anrecht auf eine andere als die eigene Frau.

Es gibt ferner Polyandrie auf das Kind bezogen, das mehrere Väter haben soll. In über der Hälfte der unterschiedlichen Amazonas-Kulturen rechnen Menschen seit prähistorischer Zeit mit der Notwendigkeit kumulierender heterogener Spermiengaben für eine Konzeption, sodass mehrere Männer gleichzeitig als Väter jedes Kindes gelten und für es sorgen. So haben die Kinder größere Überlebenschancen, und die Mütter stärken Freundschaften unter den Männern (Walker, Flinn, Hillb 2010).

Und es kann ohne wirtschaftlichen Zwang zu einem Lockern der Monogamie kommen. Jean Gabus (1957, S. 99) beschreibt ein Ausleseprinzip der Bororo zur Körpervollendung, das auch ihre Viehzucht kennzeichnet, die „Teggal"-Sitte. Sie erlaubt einer jungen Frau, ihren Bräutigam oder Mann für einen Zeitraum von Monaten bis zu zwei Jahren zu verlassen, um mit dem beim Tanz erkorenen Mann ihrer Wahl zu leben. Bei Sippentreffen können schöne junge Menschen als „Togo" (Schönheitsträger) zusammengegeben werden, und die Ehepartner unterwerfen sich dieser Sitte ohne Schamgefühl oder Eifersucht.

Es ist offensichtlich notwendig, die Eheformen der verschiedenen Völker und die desselben Volkes zu verschiedenen Zeiten seiner Geschichte im Zusammenhang mit den übrigen Lebensbedingungen zu beurteilen. Eine angeblich für alle Menschen verbindliche Ehe- und Familienform auch den Völkern aufzudrängen, die andere Sozialstrukturen haben, ist deshalb erst dann erlaubt, wenn man weiß, welche einwirkenden Faktoren ebenfalls geändert werden müssen, um eine solche Familienform zu erleichtern oder überhaupt erst möglich zu machen. Man wird auch prüfen müssen, ob es innerhalb eines Volkes zu gleicher Zeit unterschiedliche Bedingungen gibt, die in Untergruppen oder Volksschichten verschiedene Eheformen nahelegen.

Heute ist in 0,5 % der menschlichen Kulturen Polyandrie üblich, in 83,5 % Polygynie erlaubt, in einer Minderheit von 16 % Monogamie zumindest offiziell verordnet (Berghe 1979). Entgegen dieser schöpfungstypisch vorgegebenen Vielfalt wird in unserem Kulturkreis eine lebenslange exklusive Paarbeziehung und Fortpflanzungsgemeinschaft als unbedingtes Ideal propagiert. Zur Begründung behauptete der Große Strafsenat des Bundesgerichtshofes, es existiere ein für den Menschen erkennbares objektives Sittengesetz, dessen Verbindlichkeit auf der vorgegebenen Ordnung der Werte beruht, die von allen Menschen hinzunehmen sei. „Indem das Sittengesetz dem Menschen die Einehe und die Familie als verbindliche Lebensform gesetzt hat, indem es diese Ordnung auch zur Grundlage des Lebens der Völker und Staaten gemacht hat, spricht es zugleich aus, dass sich der Verkehr der Geschlechter grundsätzlich nur in der Ehe vollziehen soll und dass der Verstoß dagegen ein elementares Gebot geschlechtlicher Zucht verletzt" (BGHSt 6, 46/53 f., Kuppelei-Entscheidung vom 17. Februar 1954). Das genannte objektive Sittengesetz ist offenbar in der Mehrzahl aller Kulturen unbekannt oder nicht anerkannt. In allen Gesellschaften allerdings ist für die Frau monogame Partnertreue vorgeschrieben, und in 65 % aller Kulturen wird weibliche Untreue bestraft, obwohl männliche erlaubt ist. Trotz der biblischen Geschichte vom Weib des Potiphar wird diese Unsymmetrie bestätigt in der üblichen Formulierung des 9. Gebots „Du sollst nicht begehren deines Nächsten Weib". Weltweit deutlich ist die naturgemäß zu erwartende männliche Tendenz zur Polygynie, und zwar auch in monogamen Kulturen, wenn man unterscheidet zwischen offiziell anerkannter und tatsächlich gelebter, sowie zwischen angestrebter und realisierter Praxis. Denn weder serielle Monogamie noch ein erstrebter Harem, der umständehalber nur eine Frau zählt, gelten als Polygamie; und andererseits scheinen weithin Fremdgehen, Prostitution und Partnerwechsel mit verordneter Monogamie verträglich.

Das Lehramt der katholischen Kirche begründet seine Vorschrift für Monogamie für beide Geschlechter mit einem „Plan Gottes, wie er am Anfang offenbart wurde", nämlich in der Erschaffung eines ersten Menschenpaares; Polygamie „leugnet in direkter Weise diesen Plan Gottes" (K 2387). Andererseits ist Polygamie ein in der Schöpfung wiederholt umweltangepasst gewachsenes und beim Menschen rechtlich geordnetes System.

Obgleich das biblische Stammelternpaar nicht existiert hat, wird der Beitritt zum Christentum aus einer anders gewachsenen und den Gegebenheiten der physikalischen und sozialen Umwelt angepassten polygamen Gesellschaftsordnung katholischerseits abhängig gemacht vom Übergang zur Monogamie. Zwar urteilte Albert Schweitzer (1955, S. 106/107) schon vor hundert Jahren aus eigenen Erfahrungen über Polygamie in Gabun, „dass sie auf das innigste mit den gegebenen wirtschaftlichen und sozialen Zuständen zusammenhängt". Bei diesen „Völkern an der Polygamie rütteln heißt also, den ganzen sozialen Aufbau ihrer Gesellschaft ins Wanken bringen. Dürfen wir dies, ohne zugleich imstande zu sein, eine neue, in die Verhältnisse passende soziale Ordnung zu schaffen? Wird nicht die Polygamie tatsächlich fortbestehen, nur dass die Nebenfrauen dann nicht mehr legitim, sondern illegitim sind?" Aber die katholische Kirche weiß nur mitleidig: „Man kann sich vorstellen, welche inneren Konflikte es für jemanden, der sich zum Evangelium bekehren will, bedeutet, deshalb eine oder mehrere Frauen entlassen zu müssen, mit denen er jahrelang ehelich zusammengelebt hat" (K 2387). Zum Glück taufen katholische Missionare dennoch auch Mitglieder polygyner Massai-Familien, um nicht im Namen des Evangeliums die gewachsenen Sozialstrukturen zu zerstören.

Literatur

Berghe PA (1979) Human family systems. New York – Auch: human relations area files. Yale University, New Haven

Böckle F (1967) Sexualität und sittliche Norm. Stimmen der Zeit 180:249–267

Böckle F (1977) Fundamentalmoral. Kösel, München

Böckle F, Köhne J (1976) Geschlechtliche Beziehungen vor der Ehe. Matthias-Grünewald, Mainz

Egenter R (1974) Überlegungen zum Sexualethos der Christen. Sendemanuskript Bayer Rundfunk. Sonntag, 3. Februar, 8.00–8.30 Uhr, Bayern 2

Freuchen P (1961) Book of the Eskimos. World Publishing Company, Cleveland

Gabus J (1957) Völker der Wüste. Walter, Olten

Görres A (1983) Kennt die Religion den Menschen? Piper, München

Hermanns M (1959) Die Familie der A Mdo-Tibeter. Alber, Freiburg

Hünermann P Hrsg (2004) Die Dokumente des Zweiten Vatikanischen Konzils. Herder, Freiburg

Hume D (1740) A treatise of human nature (Buch III, Teil I, Kapitel I). John Noon, London

Papst Benedikt XVI (2010) Licht der Welt. Herder, Freiburg

Papst Johannes Paul II (1988) Ansprache an die Teilnehmer des II. Internationalen Moraltheologie-Kongresses zum Thema „Humanae vitae: 20 Jahre danach". Sonderpublikation 88/8, Katholische Presseagentur, Wien

Papst Paul VI (1968) Humanae vitae. Über die Geburtenregelung. Paulus, Recklinghausen

Papst Pius XI (1930) Enzyklika *Casti connubii*. Tyrolia, Innsbruck

Rahner K (1974) Zur Enzyklika „Humanae vitae". Stimmen der Zeit 182:193–210,200

Ringeling H (1966) Die biblische Begründung der Monogamie. Z evang Ethik 10:81–102

Schradin C (2013) Intraspecific variation in social organization by genetic variation, developmental plasticity, social flexibility or entirely extrinsic factors. Phil Trans R Soc B 368:20120346. http://dx.doi.org/10.1098/rstb.2012.0346. Zugegriffen: 8. Apr. 2013

Schweitzer A (1955) Zwischen Wasser und Urwald. Beck, München

Walker RS, Flinn MV, Hillb KR (2010) Evolutionary history of partible paternity in lowland South America. Proc Natl Acad Sci U S A 107:19195–19200

Wickler W (1968) Das Mißverständnis der Natur des ehelichen Aktes in der Moraltheologie. Stimmen der Zeit 182:289–303

Wickler W (1969) Sind wir Sünder? Naturgesetze der Ehe. Droemer, München

Wickler W (1970) Ethologie und Ethik – Normenfindung oder Normenkritik? In: Henrich F (Hrsg) Naturgesetz und christliche Ethik. Kösel, München, S 91–101

Wickler W (2011) Gli animali questi peccatori. Orme Editori, Rom

16
Grenzen ziehen im Kontinuum

„Wie viele Körner ergeben einen Haufen? Ein Korn macht noch keinen Haufen; zwei auch nicht ... beim Wievielten beginnt ein Haufen?" Darüber grübelte im vierten vorchristlichen Jahrhundert der griechische Philosoph Eubulides von Megara (siehe Hassenstein 1971). Er fand keine Antwort, denn es gibt keine. Stattdessen gibt es zwischen den Konzepten „Haufen" und „Nicht-Haufen" einen fließenden Übergang. Desgleichen zwischen vielen wesentlichen Alternativen, wie gutes und schlechtes Wetter, Tag und Nacht, Berg und Tal usw. Werden solche Alternativkonzepte typologische durch scharfe Grenzen definiert (Definition = lat. „Abgrenzung") und auf ein Kontinuum angewendet, dann trennt eine Grenze zwei nahe verwandte Phänomene terminologisch viel weiter voneinander, als der Wirklichkeit entspricht. Typische Hoch- und Tiefdruckkerne sind deshalb auf einer Luftdruckkarte durch Isobaren verbunden, die das Gefälle zwischen ihnen abbilden, aber nicht Hoch- und Tiefdruckgebiete, zwischen denen ein Kontinuum besteht, gegeneinander abgrenzen. Hoch- und Tiefdruckgebiete sind abbildende Begriffe, die ihren Inhalt genau kennzeichnen. Bernhard Hassenstein (1971) bezeichnete solche abbildenden (akzentuierenden) Begriffe als „Injunktionen", geeignet zur begrifflichen Erfassung von Gegenstandsbereichen mit allmählichen Übergängen, im Gegensatz zu Begriffen, die durch scharfe Grenzen definiert sind.

Selbst in der Mathematik sind logische Operationen mit unscharf begrenzten Mengen (*fuzzy sets*) möglich (Zadeh 1975). Und auch alle Lebewesen sind in ihrer Umwelt von verschiedensten Kontinua umgeben. Zwar benutzen Organismen zur Orientierung Richtung und Stärke verschiedener äußerer Reize, wie Schwerkraft, Strömung, Konzentration oder Helligkeit. Aber oft ist im Kontinuum eines eindimensionalen Reizgradienten nur ein bestimmter Bereich wichtig, und das Lebewesen kann mit einem nicht unterteilten Kontinuum nicht umgehen. Das förderte Anpassungsvorgänge in der Evolution, wie zum Beispiel im Bereich des Sehens.

Aus dem riesigen elektromagnetischen Wellenlängenspektrum, das von ultrakurzer Gammastrahlung bis zu Millionen Kilometer langen Radiowellen reicht, ist das sichtbare Licht ein winziger Ausschnitt zwischen Röntgen- und ultravioletter Strahlung am kurzwelligen, und Infrarotstrahlung am langwelligen Ende. Aus dem gesamten Sonnenspektrum nimmt das Auge einen Wellenlängenbereich von 380 bis 750 Nanometern (nm) als Helligkeit wahr. Lebewesen, die darüber hinaus farbtüchtig sind, haben Empfindlichkeiten für dieses Wellenlängenkontinuum an mehreren Stellen konzentriert und jeweils Sinneszellen für solche Abschnitte ausgebildet, die am besten geeignet sind, sich an den Reflexionseigenschaften der Objekte in der natürlichen Umwelt zu orientieren. Die Sinneszellen im Auge haben sich in drei Typen differenziert, die zwar alle auf das gesamte sichtbare Lichtspektrum ansprechen, aber im

Nanometerbereich verschiedene Empfindlichkeitsschwerpunkte aufweisen, und zwar bei 445 nm (Blau), 535 nm (Grün) oder 565 nm (Rot). Die in Klammern angegebenen Farbnamen geben unsere Empfindung wieder; die elektromagnetischen Strahlungen der Sonne sind farblos, ebenso die elektrischen Erregungsimpulse, die von den Sinneszellen über die Sehnerven zum Gehirn laufen. Das Gehirn errechnet aus den Differenzen der Erregungen von den drei Sehzellentypen, welches Wellenlängengemisch von außen auf das Auge trifft, und erst diese errechneten Werte empfinden wir als Farben. Physikalisch langwelliges Licht von 790 bis 630 nm nennen wir Rot, von da bis 580 nm Orange, weiter bis 560 nm Gelb, bis 480 nm Grün, bis 420 nm Blau, und bis 390 nm Violett. Tatsächlich errechnet das Gehirn in diesen Bereichen aus den Erregungsmustern der Sehzelltypen fast eine Million unterscheidbare Farbtöne.

Die reichen aber noch nicht aus, Objekte an ihren Reflexionseigenschaften, das heißt an ihrer Eigenfarbe unabhängig von der Farbe des Lichtes zu erkennen. Diese verändert sich ja drastisch mit dem Sonnenstand, und entsprechend ändern sich die scheinbaren Farben der Gegenstände. Diesen Effekt retuschiert unser Gehirn mithilfe der Annahme, dass nie allen Dingen um uns herum dieselbe Farbe eigen ist. So erkennen wir ja auch Fotos als rotstichig. Je mehr im Blickfeld eine Farbe vorherrscht, desto wahrscheinlicher stammt sie vom anstrahlenden Licht und wird dementsprechend in der Wahrnehmung kompensiert (v. Holst 1957).

Fließende Übergänge zwischen unterschiedlichen Phänomenen häufen sich vor allem in der Biologie und den Humanwissenschaften, etwa zwischen Pflanze und Tier, gesund und krank, jung und alt. Dann ist es ein praktisches

Erfordernis, durch Konvention im Kontinuum nach plausiblen Kriterien und praktischen Gesichtspunkten (willkürlich, aber nicht beliebig) Bereiche zu kennzeichnen. Dazu bevorzugen Biologen akzentuierende Begriffe statt abgrenzender. Doch das behindert die Einigung mit Philosophen und Theologen über eine einverständliche Interpretation der lebenden Schöpfung. Zwar gilt für beide Seiten der Appell des Aristoteles aus der Nikomachischen Ethik, der Gebildete dürfe die Genauigkeit nicht weiter treiben, als es der Natur des Gegenstands entspricht. Doch wo alternative Gegebenheiten einen Wesensunterschied offenbaren sollen, beharren Geisteswissenschaftler auf exaktes logisches Definieren, Biologen auf exakter Repräsentation der Tatsachen.

Wie der Historiker Jakob Burckhardt (1860) betonte, gehören scharfe Begriffsbestimmungen in die Logik, aber nicht in die Geschichte. Auch nicht in die des Menschen. In der Evolution zum Menschen hat es keinen erkennbaren Wesensschnitt gegeben, den Philosophen und Theologen zwar behaupten, aber nicht festlegen können. Auch das Konzept der jedem Menschen direkt von Gott verliehenen Geistseele hilft ihnen da nicht wirklich weiter. Im Übergangsfeld von Vormenschen zu Menschen handeln sie sich damit Schwierigkeiten ein, die nur deswegen nicht offenkundig werden, weil leider keine Vertreter der frühen *Homo*-Arten bis heute überlebt haben. Martin Rhonheimer (2007, S. 52) spricht die Geistseele ohne nähere Begründung erst der vor 160 000 Jahren in Afrika entstandenen biologischen Spezies *Homo sapiens* zu, was gänzlich unplausibel ist. Denn *Homo neanderthalensis*, der vor 90 000 Jahren in Europa entstand, besaß gleiche geistige und kulturelle Fähigkeiten wie der frühe *Homo sapiens*. Beide hatten eine gut entwickelte Sprache, bestatteten ihre Toten in

Gräbern, haben 50 000 Jahre im selben Gebiet des Nahen Ostens nebeneinander gelebt, Kenntnisse ausgetauscht und gemeinsame Nachkommen erzeugt. Solchen Seelen-Indikatoren zufolge müsste der Schöpfer die Seelenvergabe also entweder auf zwei getrennten Abstammungslinien begonnen haben oder bereits vor über 800 000 Jahren in der letzten, beiden Arten gemeinsamen Stammform, dem *Homo erectus*, der ebenfalls Feuer und Werkzeuge benutzte, Alte und Gebrechliche versorgte und mehr als zehnmal so lange existierte wie bislang der *Homo sapiens*. Die ohnedies unhaltbare katholische Lehre von der durch Fortpflanzung auf alle Menschen übertragene Erbsünde eines ihnen allen gemeinsamen Stammelternpaares böte ebenfalls kein originäres Wesensmerkmal. Dennoch behandeln Paläontologen den heutigen Menschen nicht als späten *Australopithecus*, sondern setzen mithilfe quantifizierender Typologie sinnvolle Grenzen zwischen *Homo habilis* und *Homo erectus*.

Literatur

Burckhardt J (1860) Die Kultur der Renaissance in Italien. Seemann, Leipzig (1988 Kröner, Stuttgart)

Hassenstein B (1971) Injunktion. Historisches Wörterbuch der Philosophie, Bd 4. Schwabe, Basel, S 367–368

von Holst E (1957) Aktive Leistungen der menschlichen Gesichtswahrnehmung. Stud Gene 10:231–243

Rhonheimer M (2007) Neodarwinistische Evolutionstheorie, Intelligent Design und die Frage nach dem Schöpfer. Imago Hominis 14:47–81

Zadeh L (1975) The concept of a linguistic variable and its application to approximate reasoning. Inf Sci 8(3):199–249, 301–357

17
Die Menschenwürde

Menschenwürde ist kein biologischer Befund, sondern ein philosophisches Konzept, ein kultureller Zuschreibungswert. Der Konfuzianer Mengzi (372–281 v. Chr.) als Nachfolger von Konfuzius lehrte: Jedem einzelnen Menschen eigen ist eine ihm angeborene Würde. Eine Würde, die ihm von keinem Machtinhaber, keiner Institution genommen oder gewährt werden kann, durch keine Institution erst zuerkannt werden muss. Sie besteht in seiner vom Himmel verliehenen moralischen Natur, die ihn aus sich selbst heraus zum Guten befähigt und ihn zu einem besonders schützenswerten Wesen macht. Vernunft und Rechtschaffenheit, die Fähigkeit zur Unterscheidung von Gut und Schlecht, zu Moralität und Kultur, zu Mitmenschlichkeit und Rechtlichkeit machen den himmlischen Rang des Menschen aus. Unter Bezug auf Mengzi ist – in Artikel 1 der Allgemeinen Erklärung der Menschenrechte von 1948 – Menschenwürde formuliert als „der unverlierbare geistig-sittliche Wert eines jeden Menschen" (Meckel 1990). Der chinesische Delegierte P. C. Chang plädierte damals für eine Ergänzung von Vernunft durch Gewissen als Konstituent des himmlischen Ranges. Der himmlische Rang ist in der Theologie die Gottebenbildlichkeit des Menschen, das religiöse Äquivalent zum Menschenwürde-Prinzip.

17.1 Würde und Person

Der Mensch, mit Vernunft und Gewissen begabt, ist moralisch verantwortliches Subjekt, also „Person". Person zu sein gilt als Grund der Würdezuschreibung. „Der Mensch und überhaupt jedes vernünftige Wesen existiert als Zweck an sich selbst, nicht bloß als Mittel zum beliebigen Gebrauche für diesen oder jenen Willen." – „Handle so, dass du die Menschheit sowohl in deiner Person als auch in der Person eines jeden anderen … niemals bloß als Mittel brauchest." Für Kant gilt „die Autonomie des Willens als oberstes Prinzip der Sittlichkeit. Die Handlung, die mit der Autonomie des Willens zusammen bestehen kann, ist erlaubt; die nicht damit stimmt, ist unerlaubt" (ausführlich bei Kant 1785).

Das daraus abgeleitete Recht auf Leben, Freiheit und Sicherheit wird ausnahmslos jedem Menschen zugesprochen, weil und sofern er Mitglied der Spezies *Homo sapiens* ist. Ein solcher Mensch zu sein, ist das Kriterium der Zuschreibung von Personalität und Menschenrechten. Philosophisch gründet aber die Würde nicht direkt auf dem naturalen Kriterium der Zugehörigkeit zur Spezies *Homo sapiens*, sondern auf dem mit dieser Zugehörigkeit verbundenen sittlichen Subjektsein. (Im Detail philosophisch begründet findet man das in der umfangreichen multidisziplinären Studie bei Rager 1997).

Dann aber kam und kommt nicht nur allen Vertretern des *Homo sapiens* das Vermögen zu, sich in Freiheit durch

Vernunft zum Handeln zu bestimmen, Verantwortung und Pflichten zu übernehmen, ihr Leben zu gestalten und Interessen zu verfolgen. Derart befähigte menschliche Wesen waren mit Sicherheit auch die Individuen von *Homo neanderthalensis* und *Homo erectus*, deren Würde jedoch nicht in den philosophisch-theologischen Sorgebereich fällt.

Für Theologen kommt als Würde-Argument die Ebenbildlichkeit Gottes hinzu, deren Sitz die von Gott in den gezeugten Leib eines *Homo sapiens* eingesenkte Geistseele ist. Für Philosophen spielt die Geistseele nur in diesem durch ein spezifisches Genom erbauten Menschenleib eine Rolle. Und die Beseelung, so haben es Theologen und Vertreter der philosophischen Ethik festgelegt, erfolgt schon in der menschlichen Zygote, sofort bei der Verschmelzung der Kerne von Spermium und Eizelle – nicht weil man das irgendwie feststellen könnte, sondern als Mittel zum Zweck, um ein Schutzrecht gegen jeden manipulativen Zugriff des Menschen auf den Menschen einzuführen, damit die Würde des Menschen von Anfang an gesichert ist und „der Embryo schon von der Empfängnis an wie eine Person behandelt werden muss" (K 2274).

17.2 Die Würde des Klons

Kurz vor der Jahrtausendwende gab es eine erste öffentliche, in Presse, Funk und Fernsehen vehement geführte Diskussion über die Möglichkeit, Menschen zu klonen. Sie drehte sich um die Frage, was beim Klonen aus der Würde würde. Konzentriert auf die Behauptung, dass man Menschen nicht klonen darf, führte die Diskussion an dem Faktum vorbei, dass und warum man einen Menschen nicht klonen kann. Die von Hans Jonas, Jens Reich und Jürgen Habermas (siehe unten) ins Feld geführten Argumente gegen das Klonen gaben besonders klar Aufschluss über eine spezifische philosophische Sicht auf die Natur des Menschen. Kern der philosophischen Argumente war die Behauptung, durch Klonen wären Würde und Selbstbestimmung des künstlich erzeugten Doubles angetastet, mithin seine Möglichkeit, in Freiheit moralisch zu handeln, also im menschlichen Zusammenleben verantwortlich diejenigen Verhaltensregeln zu beachten, die in den mosaischen Zehn Geboten, in Küngs Maximen der Menschlichkeit und im Mackie'schen Regelsystem ausgedrückt sind.

Klonen oder Klonieren ist eine Form ungeschlechtlicher Vermehrung. Hierbei entstehen genetisch identische Individuen, oft dadurch, dass sich Teile von einem Organismus abtrennen und verselbstständigen (etwa bei Würmern oder Seesternen) oder dass aus einer befruchteten Eizelle, der Zygote, sogenannte eineiige, monozygotische Mehrlinge entstehen. Auch der menschliche Keim kann sich bis zum 16. Tag nach der Besamung der Eizelle noch total in eineiige Zwillinge teilen. Beim Klonen hingegen wird aus einer unbesamten Eizelle der Zellkern mit seinem genetischen Material entfernt und gegen den Kern einer bereits differenzierten Körperzelle ausgetauscht. Natürliche Zwillinge aus einer Eizelle sind gleich alt, ein geklonter Mehrling ist jünger als seine Vorlage.

Ein Zusatzprotokoll zur Bioethik-Konvention des Europarates untersagt jeden Versuch, „ein menschliches Wesen zu schaffen, das mit einem anderen menschlichen Wesen, sei es lebendig oder tot, genetisch identisch ist. Ein menschliches Wesen ist dann einem anderen menschlichen Wesen im Sinne dieses Artikels genetisch identisch, wenn es die Gesamtheit der Gene mit diesem gemeinsam hat." Zur Lebensfähigkeit eines menschlichen Wesens erforderlich ist allerdings außer den chromosomalen Genen des Zellkerns auch das genetische Material der Mitochondrien im Plasma der Eizelle. Falls also mit der „Gesamtheit der Gene" alle zur Lebensfähigkeit gehörenden Gene gemeint sind, dann entsteht ein total identischer Klon nur dann, wenn der Zellkern aus einer Körperzelle der Frau in ihre eigene Eizelle verpflanzt wird. Männliche total identische Klone lassen sich so nicht herstellen, denn das Geschlecht wird durch den verpflanzten männlichen Zellkern festgelegt, die Mitochondrien aber müssen von der Eizelle kommen. Vermutlich hat der Europarat nur an Gene im Zellkern gedacht, die sich in irgendwelchen Merkmalen des menschlichen Wesens ausprägen können, was auf Mitochondrien-Gene nicht zutrifft.

Jens Reich (1997, 1998) leitet aus Artikel 1 unseres Grundgesetzes ab, dass es zur unantastbaren Würde und „zum fundamentalen Recht auf Selbstbestimmung eines Menschen gehöre, seine genetische Identität nicht von anderen Menschen gezielt zugewiesen zu erhalten; der einzige Weg, dieses Recht nicht zu verletzen, sei, bei der Zufälligkeit der natürlichen Zeugung zu bleiben". Auch Jürgen Habermas (1998) fordert, dass die Erbsubstanz des Individuums „Ergebnis eines zufallsgesteuerten Prozesses" bleibt. Andernfalls wären für die abhängige Person die Gegebenheiten der genetisch bedingten Anlagen zum Handeln „keine zufälligen Umstände mehr", die Person wäre „eines Stückes ihrer Freiheit beraubt". Habermas sieht die

Möglichkeit, moralisch zu handeln, an folgende Bedingung geknüpft: „Keine Person darf über eine andere so verfügen und deren Handlungsmöglichkeiten so kontrollieren, dass die abhängige Person eines Stücks ihrer Freiheit beraubt wird. Diese Bedingung wird verletzt, wenn einer über das genetische Programm eines anderen entscheidet."

Wie zufällig sind also die Umstände, die zur natürlichen Zeugung eines Kindes führen und seine Erbsubstanz zusammenfügen? Viele Eltern berücksichtigen (auch zum Wohl des Kindes) bei der Wahl eines Partners Eigenschaften wie Schönheit, Rechenfähigkeit, Psychomotorik, Wahrnehmungsvermögen, Gedächtnis, Flüssigkeit der Rede, Neigung zu Neurose und Psychose und die Intensität emotionaler Reaktionen. An allen diesen Merkmalen ist genetisches Erbgut beteiligt (Wilson 1978), das nun den Nachkommen gezielt zugewiesen wird. Schränken Eltern damit die Würde und die Freiheit ihrer Kinder ein? Maximale Zufälligkeit bei der natürlichen Zeugung wäre mit einer wahllosen Partnertreff-Lotterie zu erreichen.

Jonas (1987, S. 189) fragt, ob im Naturrecht ein Begriff „vom transzendenten Recht eines jeden Individuums auf einen ihm allein eigenen, mit niemand geteilten, einmaligen Genotyp Platz hat"; daraus würde nämlich folgen, „dass ein kloniertes Individuum *a priori* in eben diesem Grundrecht verletzt wurde". Offensichtlich wird aber kein monozygotischer Zwilling in seinem transzendenten Grundrecht verletzt, obwohl er seinen „zweimaligen" Genotyp mit dem des anderen Zwillings teilt. Wenn Klonen eklatant die Menschenwürde verletzte, läge das folglich nicht am Faktum des nicht-einmaligen Genotyps, sondern nur an der absichtlichen Herstellung eines Doubles, einer Handlung, die demnach die unantastbare Menschenwürde antastet.

Das Hauptargument in der damaligen philosophischen Klonierungs- und Identitätsdiskussion waren die Gene und die durch sie programmierten Merkmale und Eigenschaften. Doch Hans Jonas (1987, S. 189) gibt zu, dass „gar nicht bekannt ist, wie viel oder wenig das Genetische zur Einzigartigkeit des Individuums beiträgt", und Jürgen Habermas (1998) betont sogar, dass die Identität einer Person von ihrer Lebensgeschichte und ihren Erfahrungen und Handlungen festgelegt wird, nicht allein durch die Gene. Ja eben, deutlich wird das doch an monozygotischen Zwillingen. Sie besitzen identisches „individuelles" Erbgut, entwickeln aber, wie jeder Mensch, persönliche Individualität, nämlich epigenetisch durch Ansammeln eigener Erfahrungen, eigener Ideen und vielerlei äußere Widerfahrnisse, also durch Wechselwirkungen und Auseinandersetzungen mit der ökologischen und sozialen Umwelt. Das unverwechselbare Individuum entsteht durch Epigenese. Deshalb ist auch die Behauptung falsch, jeder geborene Mensch sei mit einem Embryo, aus dem er hervorgegangen ist, identisch. Retrospektive Kontinuität bedeutet nicht durchgehende Identität.

Als epigenetischen Effekt haben zum Beispiel eineiige Zwillinge ungleiche Fingerabdrücke und stimmen auch in Intelligenztests im Schnitt nur zu 70 % überein. Wenn von eineiigen Zwillingen einer schizophren ist, beträgt die Wahrscheinlichkeit, dass auch der andere schizophren wird, nur 30 %. Beruhte der Effekt allein auf der identischen Genausstattung, müßten es 100 % sein. Spielten Gene dabei gar keine Rolle, dann müsste die Krankheit den zweiten

Zwilling mit derselben Wahrscheinlichkeit treffen wie irgendeinen beliebigen anderen in der Gesellschaft, und das wäre 1 %. Für die tatsächliche Wahrscheinlichkeit von 30 % müssen genetische und epigenetische Einflüsse zusammenwirken. Hans Jonas (1987, S. 186) unterstellt, vorherrschendes Ziel von Menschen-Klonierung sei das Replizieren der Vortrefflichkeit nach dem Wunsch, „es möchten mehr Mozarts, Einsteins und Schweitzers die menschliche Rasse zieren", weil man sich mehr Dichter, Denker, Forscher, Helden und Heilige wünscht (S. 214). Aber da das individuelle Erscheinungsbild entscheidend durch epigenetische Einflüsse mitbestimmt wird, lässt sich ein solches Ziel durch Klonieren nicht erreichen.

Für Habermas (1998) liegt das Klon-Problem nur indirekt in der genetischen Ebenbildlichkeit, nämlich eigentlich darin, dass bislang die Erbsubstanz jedes Individuums als Schicksal gilt. Er sieht im Klonen eine Form der Knechtung, vergleichbar mit dem „historischen Beispiel der Sklavenherrschaft" (gemeint ist Herrschaft über die Sklaven). Der Geklonte lebe unter einem „Urteil, das eine andere Person vor seiner Geburt über ihn verhängt hat". Jonas (1987) hält deshalb eine dem Menschen angemessene eigenständige Entwicklung des künstlich geklonten Doubles für ausgeschlossen: Ein künstlich geklonter Mensch sei kein Novum, nicht einzigartig; er sei vielmehr eine Kopie oder gar ein Ersatz für einen Menschen, der bereits existiert oder existiert hat. Und was man von diesem weiß, das meint man dann schon im Voraus auch von dem geklonten Double zu wissen. Beim Klon selbst wie bei seinen Mitmenschen enthält diese Vorausschau bestimmte Erwartungen, Vorhersagen, Zielsetzungen, die, so Jonas, dem Vorbild des

Zellkernspenders entlehnt sind. Ohne die Möglichkeit zu eigenen Persönlichkeiten monozygotischer Zwillinge zu beachten, behauptet Jonas (1987, S. 307), das Vorwissen über den Spender des genetischen Materials veranlasste den Klon, „sich als Abklatsch eines schon vorgelebten Wesens zu wissen, an dem alles schon demonstriert worden ist, was an Möglichkeiten vorhanden war". Dadurch träte bei der neuen Person Fremdbestimmung an die Stelle von Selbstbestimmung und bedinge „eine Ungleichheit gänzlich zum Nachteil des Klons" (S. 189). Wieder reduziert das Argument den Menschen auf seine Gene. Außerdem ist es einseitig. Denn würde künstlich ein Klon von einem Menschen hergestellt, der vor oder während seiner Geburt durch störende Einflüsse (etwa zu lange anhaltenden Sauerstoffmangel) schwer und irreparabel behindert und geistig geschädigt ist, so wäre eine normale unbelastete Entfaltung seiner genetischen Anlagen überhaupt erst im Double möglich. Und das ergäbe eine Ungleichheit deutlich zum Vorteil des Klons.

Für Jonas (1987, S. 188) ist es sogar „gleichgültig, wieweit wirklich der Genotyp die persönliche Geschichte bestimmt". Ihm kommt es gar nicht darauf an, „ob Replizierung des Genotyps wirklich Wiederholung des Lebensschemas bedeutet" (S. 191), auch nicht darauf, ob man überhaupt im Voraus zutreffende Kenntnisse über den Klon haben kann, sondern darauf, dass man daran glaubt. Entscheidender, als zutreffende Kenntnis (also wirkliches Wissen) zu haben, ist für Jonas in diesem Zusammenhang das, was man zu wissen glaubt (vermeintliches Wissen), und zwar in Form der Vorstellungen und Erwartungen, die bei der Klonierung Pate gestanden haben: „Gleichgültig, ob das vermeintliche Wissen wahr oder falsch ist, es ist verderblich für die Gewinnung der eigenen Identität des Klons" (S. 192). Aber sind dann nicht Vorstellungen und Erwartungen, die oft bei einer natürlichen Zeugung Pate stehen, ebenso verderblich? Steckt das Problem im Klonen oder in der sozialen Umgebung des Klons?

Für Jonas (1987, S. 191) „ist dies alles mehr eine Sache vermeinten als wirklichen Wissens, des Fürwahrhaltens als der Wahrheit". Gina Kolata (1997) spinnt dieses merkwürdige Argument weiter: Wäre also bei extrakorporaler Besamung aus Versehen und unbemerkt ein Mensch geklont worden, ohne dass irgendjemand etwas davon weiß, dann wäre keines Menschen Würde oder Selbstbestimmung angetastet. Sehr wohl aber wären sie angetastet, wenn jemand von einem Fall von Klonierung zu wissen glaubt, der jedoch tatsächlich nicht stattgefunden hat. Freiheit, Würde, Selbstbestimmung erweisen sich so als Güter, die vom eigenen Nichtwissen und vom Nichtwissen anderer Menschen abhängen. Aber gerade dem sollen doch Pädagogen entgegenarbeiten und sich nach Kräften bemühen, in den von ihnen Betreuten ein Selbstbewusstsein zu erzeugen, das unabhängig von den Meinungen ihrer Umgebung ist.

Dass vermeintliches Wissen in Form der Vorstellungen und Erwartungen anderer für die eigene Identität der betroffenen Person keineswegs verderblich sein muss, bezeugt Tendzin Gyatso, der 14. Dalai Lama, der als Wiedergeburt des 1933 verstorbenen 13. Dalai Lama angesehen wird. Aufgrund einer Vision haben vier Mönche den zweijährigen Knaben im Nordosten Tibets als Sohn einer Bauernfamilie aufgefunden. Nach monatelangen Verhandlungen mit seiner Heimatprovinz und mit erheblichen Bestechungsgeldern freigekauft, kam er etwa vierjährig in Lhasa an und wurde im Februar 1940 als das weltliche und geistige Oberhaupt Tibets inthronisiert. Freundschaftlich mit Papst Johannes Paul II. verbunden, war er oft Gast im Vatikan, und ist nach eigener Aussage davon überzeugt, dass Wissenschaft und die buddhistischen Thesen absolut vereinbar sind. Er ist Friedensnobelpreisträger von 1989.

Selbstverständlich sind sich Philosophen darüber im Klaren, dass Erziehung, Schulung, ganze Bildungsprogramme, also aktiv gesammelte Erfahrungen und aufgenommene Lerninhalte, eine entscheidende Rolle in der Ausgestaltung des menschlichen Individuums spielen. Und im Bereich der Bildung werden selbstverständlich Traditionen und Indoktrination bis hin zur Gehirnwäsche kritisch betrachtet. Geisteswissenschaftler müssen wissen, dass das unverwechselbare Individuum erst durch Epigenese entsteht, auch wenn sie diesen Begriff nicht verwenden. Aber offenbar sind Bildungseinheiten und Bildungsziele zu unklar und zu variabel definiert, schwer messbar und weder kausal auf ihre Grundlagen noch funktional auf ihre Wirkmächtigkeit untersucht. Und so werden, um menschliches Verhalten an Ethik und Moral auszurichten, sozusagen als *ultima ratio* die Gene zu Hilfe genommen. So wie Gott zur Bekräftigung der Dekalog-Verbote diente, so sollen jetzt die Gene zur Bekräftigung ethischer Handlungsverbote dienen.

Individualität und Personalität beruhen gleichermaßen auf dem Genom wie auf den äußeren Bedingungen, etwa so wie der Flächeninhalt eines Rechteckes von seiner Länge und seiner Breite abhängt. Bestrebungen, das individuelle Genom des Menschen unter besonderen Schutz zu stellen, weil es in untrennbarem Zusammenhang mit der Individualität und Personalität steht, sehen die Medaille ohne ihre Rückseite. Man müsste beides, Genom wie Entwicklungsbedingungen, unter besonderen Schutz nehmen. Oder vielleicht eher umgekehrt: Im Hinblick auf die Entfaltung der Individualität und Persönlichkeit wird man mit dem Genom ebenso umgehen dürfen wie man die Entwicklungs- und Bildungsbedingungen des Kindes manipuliert.

17.3 Der werdende Würdeträger

Die Frage, „Wann beginnt das menschliche Leben?", ist so irreführend wie die Rede vom „werdenden Leben" oder „neuem Leben". Schon die Ei- und Spermienzellen sind weder tot noch enthalten sie anderes als menschliches Leben. Es stammt aus den Körpern der Eltern, aus deren Eltern und so beliebig weiter. Das Leben wird seit seinem einmaligen Beginn vor Milliarden Jahren nur weitergegeben. „In Wirklichkeit geht es um die Frage, wie der vom Ursprung her eine, zwischenzeitlich aber in *räumlich* viele Kompartimente aufgespaltene Lebensprozess *zeitlich* so zu kompartimentieren ist, dass er zum Abstammungszusammenhang von Individuen mit individuellen ‚Biografien' wird", und zwar bei allen Organismen (Seidel 2009, S. 78).

Auch die menschliche Eizelle lebt vor der Besamung, beginnt aber mit der Ovulation, dem Moment des Eisprungs aus der Follikelzelle, abzusterben, sofern sie nicht durch die Besamung zur Entwicklung angeregt wird. Im Normalfall kommt pro Menstruationszyklus nur eine Eizelle zur Ovulation. Mehr als eine sind es bei kaukasischen Völkern in acht, bei negroiden Völkern in fast 16 von tausend Schwangerschaften.

Zur Besamung dringt ein Spermium in die noch diploide Eizelle ein. Etwa 16 h später wird einer ihrer beiden noch vorhandenen Chromosomensätze als sogenannter Polkörper ausgeschieden, und erst dann – nicht schon beim Eintritt des Spermiums – ist eine zuvor nie dagewesene Genkombination hergestellt, das Individuum genetisch definiert. Die Kerne von Eizelle und Spermium liegen zunächst getrennt nebeneinander. Zwei Tage (48 h) nach Eintritt des Spermiums kommt es zur ersten Zellteilung (ab jetzt handelt es sich nach der Definition des deutschen Embryonenschutzgesetzes um einen Embryo). Gewöhnlich kommt es mit dieser ersten Zellteilung zur Vereinigung der beiden Zellkerne, sie können sich aber auch während mehrerer Zellteilungen noch getrennt synchron nebeneinander teilen. Erst mit der Verschmelzung der beiden (haploiden) Kerne zum diploiden Kern ist die Befruchtung vollendet. Nur an seinem artspezischen Genom ist der frühe Embryo als menschlich zu erkennen. Das Geschlecht des Embryos wird bestimmt durch ein Gen (sry-Gen) auf dem Y-Chromosom, das Testosteron induziert. Ohne sry-Gen werden weibliche Merkmale ausgebildet.

Die folgende Entwicklung wird vorerst nicht vom Embryo, sondern vom Erbgut der Mutter gesteuert. Nach der zweiten Teilung besteht die Zygote aus vier menschlichen Einzellern, von denen jeder potenziell zu einem vollständigen Individuum werden kann. Beim Neunbinden-Gürteltier (*Dasypus novemcinctus*) bildet jede besamte Eizelle eineiige Vierlinge.

Im Zwei- bis Acht-Zell-Stadium kann der menschliche Embryo eingefroren (kryokonserviert) und beliebig später aufgetaut und transferiert werden. Ob dieses Verfahren erlaubt sein soll, ist umstritten. Der Embryo kompensiert den Verlust einer der acht Zellen, die man zum Beispiel zur Präimplantationsdiagnostik entnimmt. Auch diese Technik ist umstritten, weil mit der entnommenen totipotenten Zelle ein potenzieller Mensch „verbraucht" wird. Das Potenzialitätsargument stößt hier an die Realität. Es beruft sich zwar darauf, dass noch bis zum Acht-Zell-Stadium (etwa drei Tage nach Befruchtung) die Zellen des Keimlings totipotent sind, fähig, sich von den anderen getrennt zu einem vollständigen Organismus zu entwickeln. Aber ein Säugetier-Ei hat keinen Dotter, nur so viel Zytoplasma, wie für die Entwicklung bis zur Blastozyste erforderlich ist. Die Teilungen bis dahin geschehen ohne Materialzufuhr, ohne Wachstum; die geteilten Zellen werden deshalb immer kleiner, so klein, dass aus einer Zelle des Acht-Zell-Stadiums kaum eine überlebensfähige Blastula entstünde.

Das Acht-Zell-Stadium ist nach 56 h bis drei Tagen erreicht und übernimmt erst ab jetzt nach und nach selbst die Proteinsynthese und die Steuerung der eigenen Weiterentwicklung. Vorerst lebt der Embryo, ist aber allein nicht überlebensfähig. Erst die eine Woche alte, aus 32 Zellen bestehende Blastozyste setzt sich an der Uterusschleimhaut ihrer Mutter fest und ist etwa 14 Tage nach der Befruchtung vollständig in die Gebärmutterschleimhaut eingewachsen. Damit beginnt nach der Definition der Weltgesundheitsorganisation die Schwangerschaft der Mutter. Dieser „Beginn" dauert jedoch etwa eine Woche; zunächst ist die Mutter nur „ein bisschen schwanger". Vom mütterlichen Organismus benötigt der Embryo für seine weitere Entwicklung nicht nur Schutz, Wärme und Nahrung, sondern wochenlang (bis seine eigene Schilddrüse entwickelt ist) auch das Schilddrüsenhormon T4, das diejenigen seiner Gene aktiviert, die für die Hirnentwicklung relevant sind. Bis dahin kann der Embryo sich nicht von selbst normal entwickeln; ohne die Information durch mütterliches T4 entstehen Skelettanomalien und schwere neuronale und geistige Defizite (Seidel 2009, S. 88).

In der zweiten Woche trennen sich von den übrigen Körperzellen die primordialen Geschlechtszellen der Keimbahn, die später die Keimzellen liefern. Welche Zellen zu Keimbahnzellen werden, liegt bei Säugern und Vögeln nicht von vorneherein fest, sondern entscheidet sich durch Nachbarschaftssignale. Bis zum 16. Tag nach der Besamung der Eizelle ist der Embryo körperlich nicht zweifelsfrei ein bestimmtes Individuum, sondern potenziell ein Dividendum, aus dem durch nachträgliche Teilung (also ungeschlechtliche Vermehrung) monozygotische Zwillinge entstehen können. Das geschieht in allen Menschenvölkern 3,5 Mal pro 1000 Geburten; unter sechs Milliarden Menschen leben demnach etwas mehr als 20 Mio. monozygotische Zwillinge. Sie sind genetisch identisch. Es gibt also nicht für jedes menschliche Individuum ein völlig neues Genom. Und der Zeitpunkt, an dem menschliche Wesen ihr individuelles Dasein beginnen, ist verschieden: Für viele beginnt es mit der Vereinigung von Ei- und Spermienzelle, für einen der eineiigen Zwillinge erst Wochen später. Philosophisch mag monozygotischen Zwillingen ein und dieselbe Mensch-Wesenheit zu eigen sein, biologisch sind sie zwei verschiedene menschliche Wesen.

Ab dem 17. Tag ist der eingenistete Embryo im Ultraschall erkennbar. Zwischen der vierten und siebten Entwicklungswoche bildet sich die menschliche Körpergestalt.

Erste Spuren des Nervensystems sind am Ende der zweiten Woche erkennbar, erste Synapsen im Rückenmark am Ende der sechsten Woche, im Hirn ab der 13. Woche. In der 18. bis 20. Schwangerschaftswoche werden die ersten Bewegungen des Kindes für die Mutter spürbar. Bis zur 22. Woche wird ein begründeter Schwangerschaftsabbruch als nicht rechtswidrig toleriert. Erste Reflexe auf Schreck oder Schmerz sind am Embryo ab der 24. Woche nachweisbar. Seine Hirnrinde (postnatal für bewusstes Handeln zuständig) wird ab der 25. Woche gebildet. Lichtreize werden erstmals in der 22., akustische Reize in der 26. Woche beantwortet. Ab der 28. Schwangerschaftswoche könnten die fötalen Organe, vor allem die Lunge, eigenständig funktionieren. Ab der 34. Schwangerschaftswoche ist eine menschliche Geburt nicht mehr gefährlicher als eine termingerechte zwischen der 38. und 42. Woche.

Biologisch sind im vorgeburtlichen Lebensablauf Stadien als Endzustände von Abschnitten beschrieben, von denen jeder als Prozess kontinuierlich aus dem vorangegangenen folgt und selbst Voraussetzung für das Folgende ist. Ein Stadium bezeichnet kein punktuelles Ereignis, sondern einen zeitlich mehr oder weniger ausgedehnten Vorgang. Die Stadien geben unser begriffliches Verständnis wieder, sind keine scharfen Abgrenzungen der Ereignisse selbst.

Die Frage, ab wann der Mensch ein Mensch ist, kann die biologische Wissenschaft nicht verbindlich beantworten, denn dabei handelt es sich um eine Norm, die auf Bewertungen beruht. „Diese aber sind nie zwingend, sondern bestenfalls widerspruchsfrei und einleuchtend begründet. Die Wissenschaft kann aber Auskunft geben über Grade, Stufen der Entwicklung und vielleicht auch Empfehlungen aussprechen" (Nüsslein-Volhard 2004, S. 176). Die Zygote wächst zur Blastozyste heran, die sich in direkten zellulären Kontakt mit einem anderen Individuum begibt. „Biologisch gesehen gibt es fast nichts Diskontinuierlicheres in einer Entwicklung als einen solchen Vorgang" (Nüsslein-Volhard 2004, S. 190). Diese Symbiose mit einem zweiten Organismus benötigt der Embryo unabdingbar zur Ausführung seines genetischen Programms. Der Mensch kann vor der Geburt nicht ohne die Mutter leben; nach der Geburt kann er es zur Not, weil er dann von außen ernährt wird.

Aus philosophischer, von Theologen und manchen Medizinern übernommener Sicht hat der Mensch als leibhaftiges Individuum 1) eine Existenz als Person von der Zygote bis zu seinem Tod, der meistens vor, in der Minderzahl der Fälle erst nach der Geburt eintritt; und er durchläuft dabei 2) während seiner ganzen Lebenszeit eine kontinuierliche, zäsurlose (Rager 1997, S. 220) Lebensentwicklung. Aus biologischer Sicht beginnt dieser Mensch mit der Zygote eine Phase seiner Existenz, in der er aus der Eihülle schlüpft, sich (auch außerhalb des mütterlichen Körpers) eigenständig entwickeln und sich selbst vermehren kann – eine Potenzialität, die später verloren geht. Darauf folgt eine Phase seines Daseins (die sogenannte Embryogenese), in der er mit einem zweiten Organismus in Symbiose tritt, wodurch seine weitere Entwicklung völlig vom mütterlichen Symbiosepartner abhängig wird. Schließlich folgt mit der Geburt eine Phase, in der sich der Mensch – wenn bestimmte Rahmenbedingungen vorliegen – wieder eigenständig entwickeln kann. Biologisch „zäsurlos" kann man diese Phasenfolge nicht nennen.

17.4 Der naturgemäße Embryo-Mutter-Konflikt

Bei denjenigen lebendgebärenden Organismen, deren Embryonen bis zur Geburt vom Mutterkörper ernährt werden, entsteht naturgemäß ein vorgeburtlicher Kind-Mutter-Konflikt. Denn jede Mutter muss, um ihren Lebensfortpflanzungserfolg zu maximieren, für das Aufwachsen aller ihrer Kinder sorgen (oder vorsorgen), also ihre Aufwendungen an Material und Zeit auf allen, auch künftigen, Nachwuchs verteilen. Jedes einzelne Junge aber ist von Natur aus darauf ausgerichtet, sein Leben zu erhalten und später seinen eigenen Fortpflanzungserfolg zu maximieren, also alles daranzusetzen, einen maximalen Mitgift- und Pflegeanteil von der Mutter zu erhalten. Deshalb muss schon der Embryo für sich mehr Aufwand von der Mutter fordern, als ihm aus Sicht der Mutter anteilig zusteht. Daraus resultiert ein organisch-physiologischer Nährstoffkampf zwischen dem heranwachsenden Embryo und seiner Mutter. Was sich da zwischen (werdendem) Kind und seiner Mutter abspielt, ist am Menschen sehr genau untersucht (Haig 1993). Es wird, je nach Weltsicht der Autoren, verschieden interpretiert. Was harmoniebeflissene Autoren als „embryo-maternalen Dialog" und „Feinabstimmung des embryonalen und des mütterlichen Systems" (in Rager 1997) bezeichnen, sah der Pathologe William Fothergill (1899) als ein Schlachtfeld mit Tod auf beiden Seiten.

Bevor der frühe Embryo an der Uteruswand festwächst, bildet er aus einer besonderen äußeren Schicht, dem sogenannten Trophoblasten, diejenigen Plazentateile, die den direkten Kontakt mit mütterlichem Gewebe herstellen.

Der Embryo, nicht die Mutter, sorgt vordringlich für das Wachstum der Plazenta. Je schlechter ernährt die Mutter ist, desto mehr überwiegt das frühe Wachstum der Plazenta, desto mehr tut der Embryo für seine eigene Ernährung. Ein Konflikt spielt sich ab an der Grenze vom mütterlichem zum embryonalen Gewebe, zwischen mütterlichen und eindringenden Embryozellen.

Die Mutter versorgt den Embryo durch spezielle Spiralarterien, deren Wandungen elastisches Gewebe und glatte Muskelfasern enthalten. In dieses mütterliche Gewebe wandern besondere Zellen des Embryos (Zytotrophoblasten genannt) ein und zerstören dort sowohl die elastischen Gewebeanteile als auch die glatten Muskelfasern der mütterlichen Arterien. Gerade mit diesen beiden könnte die Mutter sonst den nährenden Blutzufluss zum Embryo regulieren. So aber bleiben die Arterien weit und ihre Wände werden unelastisch, obwohl als Gegenaktion mütterliche Zellen die embryonalen Zytotrophoblasten zu demontieren suchen.

Der Embryo bekommt mehr Nahrung, wenn mehr mütterliches Blut zur Plazenta fließt. Erreichen lässt sich das mit stärkerem Blutdruck der Mutter. Den erhöhen embryonale Plazenta-Faktoren, während gleichzeitig muttereigene Faktoren dem blutdrucksenkend entgegenwirken. Im Ergebnis enthält das Blut der Mutter gefäßerweiternde und gefäßverengende Hormone gleichzeitig, und beides in kräftiger Überdosis.

Die genannten Aktionen des Embryos wirken nicht auf ihn selbst, sondern nur auf das Körpergewebe und den Blutdruck der Mutter. Entsprechend abwehrend reagiert der mütterliche Organismus darauf. Alle diese Aktionen treiben die Aufwendungen von Mutter und Kind „unnötig" in die Höhe und verhindern eine möglichst hohe Gesamteffizienz. Lebten Mutter und Kind in harmonischer Übereinstimmung ihrer Interessen, wäre das eskalierende Gegeneinander zwischen ihnen überflüssig.

Der Embryo bekommt allen Sauerstoff und alle Nahrung aus dem Blut der Mutter. Sie kann in der frühen Schwangerschaft die zusätzliche Ernährung des Embryos aus ihrer täglichen Nahrung aufbringen und daneben noch ein Fettdepot für die Endphase und die Stillzeit anlegen. Bis zur 26. Woche ist nicht einmal ein Vierling leichter als ein Einzelembryo. Danach jedoch liefert die Mutter eine feste Nahrungsmenge, und Mehrlinge müssen sich das Gewicht eines „Einlings" teilen. Ebenfalls teilen muss sich die Mutter ihre Blutzuckermenge mit dem heranwachsenden Kind. Nach jeder Mahlzeit nimmt ihr Blutzucker zu, und sie baut ihn dann mithilfe von Insulin ab und legt bei sich Reserven an. Das funktioniert in der späteren Schwangerschaft oft nicht mehr. Zwar werden die insulinproduzierenden Zellen ihrer Bauchspeicheldrüse manchmal extrem groß und geben immer mehr Insulin ins Blut ab, zugleich aber wird ihr Körper zunehmend unempfindlicher gegen Insulin. Ursache ist die embryonale Plazenta. Sie produziert einen Stoff, der die Insulinrezeptoren der Mutter blockiert. Dieser Stoff ist im Kreislauf der Mutter in viel höherer Konzentration vorhanden als im Kreislauf des Embryos. Diesem Einfluss des Embryos entgegenwirkend produziert der mütterliche Organismus zwar immer mehr Insulin, dieses wird jedoch vom Embryo mit einem Plazenta-Enzym rasch abgebaut. Das führt dazu, dass etwa 2,5 % aller schwangeren Frauen Schwierigkeiten bekommen, Blutzucker überhaupt abzubauen, sodass sie nach einer Mahlzeit vorübergehend „zuckerkrank" sind (Schwangerschafts-Diabetes). Je höher nach einer Mahlzeit der Blutzuckergehalt einer Schwangeren ist, desto höher ist andererseits schließlich das Geburtsgewicht ihres Kindes. Dieser Vorteil, den sich der Embryo verschafft, kann allerdings die Fähigkeit der Mutter verringern, weitere Kinder zu versorgen und kann zulasten der mütterlichen Gesundheit gehen; denn zu Schwangerschafts-Diabetes neigende Frauen haben ein erhöhtes Risiko, später wirklich zuckerkrank zu werden. Würde so, wie geschildert, statt des Embryos ein Erwachsener an der Mutter handeln, machte er sich strafbar.

Tatsächlich nimmt ein Erwachsener, der Vater des Kindes, als dritte Partei indirekt am Konflikt um die mütterlichen Ressourcen teil. Auch der Vater ist naturgemäß darauf angelegt, seinen Fortpflanzungserfolg zu maximieren. Wichtig für den Fortpflanzungserfolg der Mutter ist die Verteilung ihrer Ressourcen auf alle ihre Nachkommen. Die aber haben vielleicht verschiedene Väter, und wichtig für den Fortpflanzungserfolg eines jeden Vaters ist maximale mütterliche Ressourcenhäufung auf seinen sicher eigenen Nachkommen. Dieser Konflikt um mütterliche Ressourcen wird ausgetragen über einen Mechanismus der Genregulierung (*genomic imprinting*), darauf angelegt, das vom Partner stammende Genprogramm für den Brutpflegeaufwand stillzulegen, unwirksam zu machen. So ist das vom Vater stammende Verhaltensprogramm in den Nachkommen darauf angelegt, die Abhängigkeit von der Mutter möglichst zu verlängern, und lässt die Jungen gegen das Brutpflegeprogramm der Mutter auch später länger Säugling spielen, wodurch es zum bekannten Entwöhnungskonflikt kommt.

Bei vielen Säugetieren (den Menschen eingeschlossen) zeigt sich dieser Konflikt in der Abstillphase, wenn die Mutter ihre Milchabgabe beendet, der Säugling aber weiter Milch fordert. Bis zum Selbstständigwerden suchen Nachkommen naturgemäß mehr von ihren Eltern, meist von der Mutter, zu erlisten oder ertrotzen, als aus der ebenso naturgemäßen Sicht der Eltern angemessen ist (Haig 1993).

Dieses ganze Konfliktgeschehen ist theologisch gesehen vom Schöpfer so eingerichtet und kennzeichnet – wie gesagt – alle ihre Embryonen ernährenden lebendgebärenden Tierarten. Das sind nicht nur die Säugetiere, sondern auch viele Haie und verschiedene Knochenfischarten, die Tsetsefliege, sowie die zentimeterlangen südamerikanischen Vertreter der wurmähnlichen Stummelfüßer (*Peripatus*), bei denen sich ebenfalls zwischen Embryo und Mutter eine Plazenta bildet, durch die der Embryo während der mehr als ein Jahr währenden Schwangerschaft der Mutter ernährt wird.

Plazentaähnliche Strukturen in verschiedensten Tiergruppen drücken den unumgänglichen Konflikt zwischen Müttern und ihren Nachkommen aus. Dabei belohnt die Selektion weiter jeden kleinen Fortschritt des Embryos zum Ausbeuten der Mutter sowie jeden, der mütterlicherseits dem entgegenwirkt. In getrennten Zweigen der Säugetiere hat das zu unterschiedlichen Plazentatypen geführt, einem bei Huftieren wie Schwein und Pferd, einem anderen bei Raubtieren wie Hund und Katze, einem dritten bei Nagetieren und Primaten. Menschenmütter haben ihre Plazentaprobleme als Erbe der Primaten übernommen.

Das „rabiate" Vorgehen des Embryos in der Mutter kennzeichnet ihn hinreichend als Wesen mit eigenen Überlebensinteressen. Das kann es Geisteswissenschaftlern ersparen, vom Überlebensinteresse des Erwachsenen ausgehend über die diachrone Identität mit seinem Embryostadium und unter Zuhilfenahme bewusstseinsphilosophischer Metaphysik auf den Wunsch zu schließen, als Embryo nicht getötet worden zu sein (Rager 1997, S. 235; Schockenhoff 2009, S. 492) – ein anachronistischer Wunsch, der nur aufkommen kann, wenn er schon erfüllt ist.

17.5 Kontinuierliche Würde

Für Theologen folgt die Menschenwürde als Konsequenz aus dem Vorhandensein der Geistseele. Und da setzte Karl Rahner (1961, S. 84) – in betont vorsichtiger Formulierung – an die Stelle des Gedankens, dass Gott die Seele punktuell in einem bestimmten Stadium der Entwicklung erschafft, die mit dem realen Geschehen der Keimesentwicklung besser verträgliche Annahme, dass die Dynamik der göttlichen Ursächlichkeit den Werdevorgang als Ganzes kontinuierlich mitträgt (als creatio continua?). Auch andere Theologen (Franz Böckle, Johannes Gründel, Paul Overhage, Wilfried Ruff) vertreten ein Phasenmodell der Beseelung, angepasst an die biologisch-morphologische Ausdifferenzierung des Embryos. Hier schimmert wieder Thomas von Aquins Ansicht der Sukzessivbeseelung durch, wonach die Beseelung des Embryos schrittweise erfolge und die höchste Form der Seele erst drei Monate nach der Empfängnis übertragen werde. Diese Ansicht hatte die katholische Kirche 1869 unter Pius IX. in der Bulle *Apostolicae Sedis* (Graz 1971) verworfen; sie schreibt demzufolge Gottesebenbildlichkeit schon der Zygote zu.

Psychophilosophisch argumentiert Rager (1997, S. 234): „Die Frage nach dem Anfang der eigenen Existenz und damit dem Beginn der eigenen Identität kann allein… durch den Hinweis auf die Vereinigung von Gameten eine befriedigende Antwort finden. Eben deshalb wird auch die Personalität in das Ursprungsgeschehen zurückprojiziert: ‚Ich bin gezeugt worden'."

Philosophisch gilt die Zygote als Beginn des Mensch- und Personseins. Zuschreibungsgrund für diesen Status ist das sittliche Subjektsein, d. h. das Vermögen, selbstgewählte Zwecke setzen zu können und als solches ein seiner selbst bewusster Selbstzweck zu sein; Zuschreibungskriterium ist das Menschsein, d. h. die Existenz eines leibhaftigen Individuums, dem dieses Vermögen als ihm ursprünglich zugehörig zugeschrieben wird" (Rager 1997, S. 218); zugeschrieben einem biologischen Individuum, das die Möglichkeit besitzt – wenn bestimmte Rahmenbedingungen vorliegen und äußere Störungen ausbleiben –, „vom Zeitpunkt der Vereinigung von Ei- und Samenzelle an in einer – auch nicht durch die Geburt unterbrochenen – zäsurlosen Ontogenese" menschenspezifische Eigenschaften und Tätigkeiten zu entwickeln (Rager 1997, S. 220).

Das philosophische Potenzialitätsargument geht vom erwachsenen Menschen aus, der bestimmte aktuell vorhandene Fähigkeiten besitzt, die als spezifisch menschlich angesehen werden. Ein menschlicher Embryo ist zwar nicht im Besitz der gleichen Aktualfähigkeiten, hat aber die dispositionelle Möglichkeit, jene Fähigkeiten, die auch geborene Menschen auszeichnen, bei normaler Entwicklung in absehbarer Zeit auszubilden. Aufgrund dieses Potenzials gelten menschliche Embryonen und erwachsene Menschen als gleichwertig.

Dieses Potenzial beruht auf einem genetischen Programm. Aber ein Programm ist nicht gleichzusetzen mit seinem Resultat (Nüsslein-Volhard 2003). Ein guter Vorsatz wird nicht gleich bewertet wie die gute Tat, die Absicht nicht wie der errungene Erfolg. „Wisst ihr nicht, dass im Stadion zwar alle laufen, jedoch nur einer den Siegpreis erhält?" (Paulus, 1Kor 9, 24). Wir wissen, dass eine Zygote irgendeines Lebewesens nur im Ausnahmefall zu einem reifen Individuum heranwächst und schließlich seinerseits zur Fortpflanzung kommt. Auch dass eine menschliche Zygote sich zu einem Kind entwickelt, ist die Ausnahme, nicht die Regel. Wie bereits in der Erörterung der Geistseele erwähnt, bricht für die allermeisten menschlichen Zygoten die weitere Entwicklung schon vor der Geburt ab, sie erreichen nicht das „Ziel" menschenspezifischer Fähigkeiten und Tätigkeiten. Es ist also argumentationslogisch fragwürdig, wollte man die Schutzwürdigkeit des frühen menschlichen Embryos damit begründen, man könne „mit der Wahrnehmung eines Embryos im Acht-Zell-Stadium zugleich dessen zukünftiges Leben antizipieren" (Schockenhoff 2009, S. 454). Schockenhoff stellt zwar die aktive Potenz des bereits existierenden Lebewesens, sich so zu entwickeln, wie es für die Art charakteristisch ist (starke Potenzialität), über die rein passive Fähigkeit, etwas zu werden, was man noch nicht ist, etwa, als Bundesbürger einmal Bundespräsident zu werden (schwache Potenzialität), weil „die Chance hierzu für die Allermeisten verschwindend gering ist" (Schockenhoff 2009, S. 488); aber gerade die schwache Potenzialität des Embryos, in Form der schöpfungsimmanent verschwindend geringen Chance seiner vollen Entwicklung, setzt seiner starken Entwicklungspotenzialität eine natürliche Grenze.

Dass laut Katechismus (K 2274) der Embryo ontogenetisch von Anfang an die Urform der menschlichen Person sei, beruht auf demselben Potenzialitätsargument, dem zufolge laut Teilhard de Chardin (1959) das organismische Reich in einer *scala naturae* phylogenetisch von Anfang an Träger der Urform Mensch sein sollte.

Weil die Zygote als Anfang der Entwicklung eines Menschen gilt, ziehen Geisteswissenschaftler, um einen Schutz des Embryos „von Anfang an" (Grundgesetz Art. 2, Abs. 2, S. 1) zu gewährleisten, das Wesensmerkmal des Personseins vom Erwachsenenstatus über die ganze Entwicklung nach vorn bis zur Zygote und schaffen damit nun ihrerseits ein das ganze Leben überspannendes, für die ethische Praxis wenig hilfreiches Kontinuum. Das ruft unvermeidlich Missverständnisse und Widerspruch hervor. Für Habermas (2001, S. 64) und Nüsslein-Volhard (2004, S. 176) gilt der Mensch erst ab der Geburt als Person. Das philosophisch gesetzte Prinzip „ab Zygote Mensch, der wie eine Person behandelt werden muss", übertüncht eine differenziertere Betrachtung des ontogenetischen Werdens, vergleichbar mit einem Verzicht auf die Unterscheidung der Spektralfarben im Regenbogen zum Betrachten der Welt als ein Farbenblinder, für den es nur ein einheitliches Grau aus kleinen und großen Wellenlängen gibt. Dass laut Beschluss des Europäischen Gerichtshofes (vom 18. Oktober 2011) der Mensch ab dem Zeitpunkt der Verschmelzung von Ei und Samenzelle ein Mensch ist, hat nichts mit dem äusseren Erscheinungsbild, den Fähigkeiten und Tätigkeiten einer menschlichen Person zu tun, sondern schildert eine Status-Zuschreibung, derzufolge die biologische menschliche Zygote metaphysisch als Mensch gilt, einer Person gleichgestellt, mit unsterblicher Seele versehen und dadurch bereits als einzelne Zelle ein mit Menschenwürde ausgestattetes Ebenbild Gottes ist. Tatsächlich beziehen sich diese Zuschreibungen auf ein bedingt entwicklungsfähiges genetisches Programm im Genom dieser Zelle.

Geisteswissenschaftler fordern wegen der notwendigen logischen Definierbarkeit ihrer Kategorien ein eindeutiges Entweder-Oder (Person: ja oder nein?), in der biologischen Entwicklung festzulegen in einem klar bestimmbaren Augenblick, Moment oder Zeitpunkt. Den aber – wie genau auch gewünscht – gibt es in Prozessen streng genommen nirgends, ob sie Jahre, Wochen oder Millisekunden dauern; immer existieren Zwischenzustände. Auch die Befruchtungskaskade kann je nach Einzelfall bis zu ihrem Abschluss in der Zygote 48 h benötigen. Obwohl zum Beispiel Eberhard Schockenhoff (2009, S. 486) betont, dass die für die Biologie kennzeichnenden dynamischen Sichtweisen „auch dem philosophischen Bedeutungsgehalt von Individualität keineswegs fremd sind", stört ihn „der Vorschlag, das Nidationskriterium zur Abgrenzung unterschiedlich schützenswerter Lebensstadien heranzuziehen", weil man damit den „mehrere Tage dauernden Vorgang der Einnistung wie einen Fixpunkt behandelt".

Die Entwicklung des Gehirns beginnt etwa in der 13. Embryonalwoche und hat erst lange nach der Geburt den Zustand erreicht, der als Vorbedingung jener Vermögen gilt, die wesentlich zum Personsein gehören, nämlich Bewusstsein, Selbstreflexion, formal-operatives Denken und moralisches Urteilen und Handeln. „In diesem lang dauernden Prozess kann kein bestimmter Zeitpunkt festgelegt werden, ab welchem die Reifung des Nervensystems ausreicht für die Zuschreibung von Personalität" (Rager 1997, S. 98).

Es stimmt zwar, dass in der kontinuierlichen pränatalen Entwicklung des Nervensystems kein bestimmter Zeitpunkt für die Zuschreibung von Personalität ablesbar ist. Aber es stimmt nicht, dass deswegen kein Zeitpunkt für die Zuschreibung von Personalität festgelegt werden kann. Dass ein Vorgang ein Kontinuum darstellt, bedeutet nicht, dass man ihm nicht gut begründete Grenzen einziehen kann. Denn ebenso, wie Paläontologen mithilfe quantifizierender Typologie sinnvolle Zwischengrenzen für *Homo habilis* und *Homo erectus* setzen, hilft ein quantifizierend typologisches Verfahren, den gleitenden Verlauf der postnatalen Lebensgeschichte des einzelnen Menschen, wo es unumgänglich notwendig ist, in Abschnitte zu unterteilen. So werden ja durch Konvention sinnvolle (nicht beliebige) und durchaus moralisch relevante Zäsuren für Schuldfähigkeit, Mündigkeit oder Hirntod gesetzt. Sie bilden, wie Volljährigkeit und Rentenalter, keinen klaren Wesensschritt in der Realität des Betroffenen ab, müssen aber aus praktischen Gründen festgelegt und können nach Bedarf wieder verschoben werden, ohne Nachweis eines biologischen Reifegrades. Sollte es einmal notwendig werden, zwischen menschlichem Wesen, Individuum und Person zu entscheiden, kann dasselbe auch für den pränatalen Lebensabschnitt geschehen. Dass es bisher nicht geschehen ist, liegt an der fehlenden Einsicht in die Notwendigkeit, diesen Lebensabschnitt zu unterteilen, und an der voraussehbar schwierigen Einigung darüber, welche Grenzen dann gelten sollen. Denn je weiter Abschnittsgrenzen gesteckt sind (wie weit vor einer Küste das internationale Gewässer beginnt, wie weit den Berg hinauf ein Tal-Bauer sein Vieh weiden lassen darf, bis zu welchem Schwangerschaftstag ein medizinischer Eingriff gestattet ist), desto mehr abweichende Meinungen können vor Gericht geltend gemacht werden.

17.6 Potenzialität der Körperzellen

In den Körperzellen aller vielzelligen Organismen sind dieselben Gene enthalten wie in der totipotenten Zygote. Bis zum Acht-Zell-Stadium bleiben alle Zellen totipotent. Während der weiteren Embryonalentwicklung gehen die Zellen in immer stärker spezialisierte Zustände über, sie verlieren Teile ihres Entwicklungspotenzials. Bei dieser Differenzierung werden in den Zellen schrittweise Teile des vorhandenen Genoms abgeschaltet. Als Erstes geht die Fähigkeit verloren, weiterhin eine Plazenta mit Zytotrophoblast zu bilden. Als pluripotente Zellen (embryonale Stammzellen) können sie sich aber zu jedem Zelltyp eines Organismus differenzieren, sind noch auf keinen bestimmten Gewebetyp festgelegt. Die normalen teilungsfähigen Körperzellen schließlich sind unipotent und können nur noch Zellen des gleichen Zelltyps bilden. In ihnen bleiben zelltypspezifische Gene aktiv, die den Weg zum Genprodukt befördern (Genexpression). So werden zum Beispiel in Leberzellen Leberenzyme, in Zellen der Nebennierenrinde bestimmte Hormone hergestellt. In einigen Geweben (Knochenmark, Muskel, Darm, Haarfollikel, Retina, Nervensystem) bleiben jedoch als Repertoire für den notwendigen Ausgleich von Gewebeverschleiß multipotente somatische Stammzellen erhalten. Sie können sich selbst reproduzieren und sich zu verschiedenen Gewebetypen differenzieren.

Mit der Spezialisierung der Körper-(Soma-)Zellen sind in ihrem Gesamtgenom viele Gene zwar abgeschaltet, aber dennoch vorhanden. Und sie lassen sich durch künstliche Reprogrammierung wieder anschalten. Aus so behandelten somatischen Zellen werden „induzierte pluripotente Stammzellen" (iPS-Zellen), die sich wieder in jede Gewebeart verwandeln können. Die Entdeckung zweier Forscher, wie man reife Körperzellen zu pluripotenten Stammzellen umprogrammiert, wurde 2012 mit dem Nobelpreis für Medizin belohnt. Aus menschlichen iPS-Zellen lassen sich alle typischen Organzellen gewinnen, in Zukunft wahrscheinlich auch Keimzellen und menschliche Klone. (Das wäre eine Klonmethode, die ohne Eizellen auskommt.) Selbstverständlich wirft beides nicht nur ethische Probleme auf (Cyranoski 2008).

Das individuelle Menschsein beginnt laut Embryonenschutzgesetz (1990, § 1) definitiv mit der Verschmelzung von Ei und Samenzelle (genauer mit der zweiten Reifeteilung der besamten Eizelle, wenn ihr zweiter Gensatz ausgestoßen ist). Doch der aus einer iPS-Zelle geklonte Embryo entsteht ebenso wenig wie ein eineiiger Zwilling durch Verschmelzen von Eizelle und Spermium, er hat bereits ein vollständiges Genom. Schon eineiige Zwillinge liefern den Philosophen und Theologen „Schwierigkeiten der theoretisch-begrifflichen Explikation" (Rager 1997, S. 242). Man belässt es dabei, dass es nicht möglich ist, mit der gegenwärtig benutzten philosophischen Begrifflichkeit beides, Individualität und natürliche monozygotische Zwillingsbildung, widerspruchsfrei auszusagen. Diese Schwierigkeiten sind nicht aufgelöst. Sie liegen im Bemühen, philosophische Begrifflichkeit aus der Schöpfungswirklichkeit zu entwickeln und mit ihrer Hilfe begreifbar zu machen.

Seit Langem war bekannt, dass alle Körperzellen ein volles menschliches Genom enthalten und dass es daher im Prinzip möglich sein muss, erwachsene Körperzellen durch einen molekularen Jungbrunnen rückzuverwandeln in pluripotente Zellen. Es war nur eine Frage der Zeit, bis ein technischer Weg dahin gefunden wurde. Noch mehr Zeit stand Philosophen, Ethikern und Theologen zur Verfügung, um zu überdenken, welche Kriterien für das philosophisch-ethische Konzept der Menschenwürde oder das theologisch-biblische der Gottesebenbildlichkeit haltbar und sinnvoll sind.

In einem Diskussionsbeitrag zu dieser Frage hat Reinhard Merkel (2001) folgende Überlegung vorgestellt: Ein Biologe entnimmt einem menschlichen Embryo auf dem Vier-Zell-Stadium eine der omnipotenten Zellen, fügt also einem Menschen Schaden zu, macht sich strafbar. Dann gibt er diese Zelle dem Embryo zurück. Damit hat er sich wieder strafbar gemacht, da die entnommene totipotente Zelle als Mensch gilt, der nun vernichtet ist. Wie Theologen mit dem parallelen Hin und Her der Seelen umgehen, bleibt unerörtert.

Da eine nicht-reprogrammierte (bereits diploide) menschliche Körperzelle stirbt wie eine unbefruchtete Eizelle, könnte man die Reprogrammierung wie das Eindringen eines Spermiums bewerten und deshalb die iPS-Zelle mit einer menschlichen Zygote gleichsetzen. Wenn die menschliche Zygote eine Seele besitzt, ob im aristotelischen Sinn die artgemäß formgebende *anima* oder im theologischen

Sinn die von Gott geschaffene Geistseele, dann muss das auch für eine iPS-Zelle gelten, die sich zu einem menschlichen Embryo weiterentwickeln kann. Auf die iPS-Zelle trifft dann alles das zu, was philosophisch und theologisch einem menschlichen Embryo ab der Zygote zugeschrieben wird, Menschenwürde und Gottesebenbildlichkeit. Das Potenzial zur Entwicklung der iPS-Zelle gründet aber nicht in der technischen Rückprogrammierung, bei der „schlafende" Gene wieder aktiviert wurden, sondern stammt aus dem genetischen Erbgut, welches schon die reife Körperzelle in sich trug. Nach dem Potenzialitätsargument liegt dann philosophisch gesehen der Beginn des Mensch- und Personseins in einer adulten Körperzelle.

Diese absurde Konsequenz beruht auf der angeblich tutioristisch (mit dem Schutz der Menschenwürde) begründeten Reduktion des Menschen auf das Entwicklungspotenzial seiner Gene, unter Nichtachtung aller epigenetischen und kulturellen Einflüsse, die zur Realisierung dieses Potenzials erforderlich sind. Alles das beiseite zu lassen, was den menschlichen Geist ausmacht, ist (in der strengen Wortbedeutung) sinnlos.

Literatur

Cyranoski D (2008) Stem cells: 5 things to know before jumping on the iPS bandwagon. Nature 452:406–408

Fothergill WE (1899) The function of the decidual cell. Edinb Med J 5:265–273

Habermas J (1998) Sklavenherrschaft der Gene. Süddeutsche Zeitung, 17./18. Jan

Habermas J (2001) Die Zukunft der menschlichen Natur. Suhrkamp, Frankfurt

Haig D (1993) Genetic conflicts in human pregnancy. Q Rev Biol 68:495–532

Jonas (1987) Technik, Medizin und Ethik. Suhrkamp, Frankfurt

Kant I (1785) Grundlegung zur Metaphysik der Sitten. Harknoch, Riga

Kolata G (1997) Das geklonte Leben. Diana, München

Meckel C (1990) Allgemeine Erklärung der Menschenrechte. Insel, Frankfurt

Merkel R (2001) Rechte für Embryonen? Die Zeit, 5

Nüsslein-Volhard C (2003) Wann ist der Mensch ein Mensch? Müller, Heidelberg

Nüsslein-Volhard C (2004) Das Werden des Lebens. Beck, München

Papst Pius IX (1869) Apostolicae sedis (Neudruck 1971). Akademische Druck- und Verlagsanstalt, Graz

Rager G (Hrsg) (1997) Beginn, Personalität und Würde des Menschen. Alber, Freiburg

Rahner K (1961) Die Hominisation als theologische Frage. In: Overhage P, Rahner K (Hrsg) Das Problem der Hominisation. Herder, Freiburg, S 13–90

Reich J (1997) Dolly und die existentielle Frage. Süddeutsche Zeitung, 30. Dez

Reich J (1998) Jagd auf ein Phantom. Die Zeit, 15. Jan

Schockenhoff E (2009) Menschenwürde und Lebensschutz. Theologische Perspektiven. In: Rager G (Hrsg) Beginn, Personalität und Würde des Menschen. Alber, Freiburg, S 445–533

Seidel J (2009) Embryonale Entwicklung und anthropologische Deutung. In: Hilpert K (Hrsg) Forschung contra Lebensschutz? Herder, Freiburg, S 76–98

Teilhard de Chardin M-J P (1959) Der Mensch im Kosmos. Beck, München

Wilson E (1978) On human nature. Harvard University Press, Cambridge

18
Sinnsuche

Naturwissenschaftler interessieren sich für die Ursachen, Philosophen für Sinn und Ziele natürlicher Abläufe. Der Youcat (42) lehrt: „Die Naturwissenschaft kann nicht dogmatisch ausschließen, dass es in der Schöpfung zielgerichtete Prozesse gibt", und umgekehrt: „Der Glaube kann nicht definieren, wie sich zielgerichtete Prozesse im Entwicklungsgang der Natur konkret vollziehen." So ist es. Dogmen, die Zustimmung erzwingen, gibt es in der Naturwissenschaft nicht. Diese versucht, konkrete natürliche Sachverhalte zu ergründen, einschließlich gerichteter Prozesse in der Natur, die ein sinnvolles Ende erreichen. Und das gilt vielen Theologen und Naturphilosophen, vor allem im deutschsprachigen Raum, als Nachweis einer allgemeinen Teleologie.

Teleologie impliziert zukünftige Ziele als Urachen gegenwärtiger Geschehnisse. So etwas ist seit Darwin nicht aus der Welt, nur gehören die biologischen Prozesse nicht dazu. Für Martin Rhonheimer (2007, S. 62) ist es „ein Faktum, dass die Evolution des Lebens selbst ein zielgerichteter Prozess ist, und zwar in dem Sinne, dass er *de facto* zu immer höheren und differenzierteren Formen geführt hat". Deshalb sei „die Natur in sich ein zweckhaft organisiertes Ganzes, deren Prozesse eine teleologische Struktur besitzen". Er bestätigt, „zu verstehen, wie diese der Natur eingestiftete *ratio artis divinae* funktioniert, ist allein Sache der Naturwissenschaften". Aber er richtet seine Frage nach dem Ursprung von teleologischen Strukturen in der Natur nicht an die Naturwissenschaften, sondern weiß bereits: „Da es innerhalb der Natur keine Intentionalität und Intelligenz gibt, muss diese von einer der Natur transzendenten intelligenten Ursache kommen" (Rhonheimer 2007, S. 69).

Naturwissenschaftlichen Erkenntnissen, wie eine „der Natur eingestiftete *ratio artis divinae* funktioniert", wird als Glaubenssatz eine generelle Teleologie übergestülpt. Man bezeichnet häufig Vorgänge als „teleologisch", die finalistisch, zielstrebig, zweckgerichtet oder beabsichtigt abzulaufen scheinen und ein erkennbares Endziel erreichen. Oft täuscht auch ein sprachlich beschreibendes „um zu" ungerechtfertigt ein Ziel vor („Er zog in den Krieg, um bald als Krüppel zurückzukehren").

In der Natur kommen drei nur scheinbar finalistische Phänomene und Prozesse vor (Mayr 2004, S. 39–66, 2005, S. 59–84):

„Teleomatische" Prozesse sind automatische Vorgänge (nach Aristoteles „von der Notwendigkeit verursacht"), die infolge von Naturgesetzen durch äußere Bedingungen oder Kräfte gelenkt werden und enden, sobald ein Energievorrat aufgebraucht ist oder ein äußeres Hindernis auftritt. Der gesamte Prozess der kosmischen Entwicklung vom Urknall bis heute beruht auf einer Abfolge von teleomatischen Vorgängen (die von stochastischen Störungen überlagert sind).

„Teleonomische" Prozesse verdanken ihre Zielgerichtetheit dem Wirken eines evolvierten genetischen Programms mit klarem Endpunkt. „Programm" meint codierte oder im Voraus angeordnete Information, eine Sammlung von Anweisungen, die einen Vorgang so steuern, dass er zu einem vorgegebenen Ende führt. Das Ziel liegt also nicht außerhalb in der Zukunft, sondern liegt im Programm. Teleonomisch zielorientiert sind die Ontogenese, Rezepte zum Kuchenbacken und Verhaltensweisen, die typischerweise mit Migration, Futtersuche, Balz und Reproduktion zu tun haben. Der im Programm festgeschriebene Endpunkt, das Ziel, kann eine Struktur sein (in einem Entwicklungsprozess), ein physiologischer Sollzustand, eine geographische Position (bei Wanderungen), oder eine Endhandlung als Abschluss einer Kette von Verhaltensweisen. Das Programm muss vor dem Beginn des teleonomischen Prozesses existiert haben und ist als Selektionsergebnis angepasst durch den Erfolg des erreichten Endpunktes. Geschlossene Programme sind komplett im Genotyp festgelegt; offene Programme können oder müssen ergänzt werden mit Informationen, die durch Lernen und Erfahrung gewonnen werden. Die meisten Programme enthalten zudem Unterprogramme, die Abweichungen korrigieren, welche durch innere oder äußere Störeinflüsse während des Ablaufs auftreten, also beispielsweise homöostatische Unterprogramme, die für das Einhalten von Sollwerten (Körpertemperatur, Blutdruck) sorgen.

„Progressive" Adaptation und „angepasste" Merkmale entstehen nicht *a priori* zielgerichtet, sondern sind ohne zielbestimmende Kräfte oder teleologisch evolutionäre Vorgänge kausal erklärbar, wie August Weismann (1909) klarstellte. Es sind *A-posteriori*-Ergebnisse einer Evolution durch Variation und biologische Auslese, wobei das

Zustandekommen erfolgreicher Genkombinationen mit ihrer relativ häufigeren Reproduktion automatisch belohnt wird.

Mit Recht „teleologisch" heißen absichtsvolle, vorsätzliche Planhandlungen von tierischen und menschlichen Individuen. Wenn demnach Rhonheimer (2007, S. 58) sagt: „Es gibt zwar eine Entwicklung von niederen Stufen des Lebens zu höheren – also eine Zielrichtung –, aber keine intentionalen Zusammenhänge", ist bereits damit Teleologie ausgeschlossen. Rhonheimer berücksichtigt in seiner Abhandlung keine nur gerichteten Abläufe, sondern nennt sie alle „zielgerichtet".

18.1 Schein-Ziele in der Natur

Vor dem 19. Jahrhundert wurde allgemein geglaubt, fortschrittliche Veränderungen in der Welt seien inneren Kräften und Tendenzen zu steigender Perfektion zu verdanken. Diese Ideologie steckt in Begriffen wie Orthogenese, Nomogenese oder Omega-Prinzip. Theologen und Philosophen behaupten immer noch, es gäbe eine kosmische Teleologie im Sinne einer Tendenz zu immer fortschreitender Vervollkommnung der Welt auf ein Ziel hin. Ein Ziel für diese Vervollkommnung ist aber in der Natur nicht zu erkennen. Und wo kein Ziel erkennbar ist, kann man auch nicht von Fortschritt im Sinne von Annäherung an ein Ziel sprechen. Ein Ziel muss vorgegeben sein; es kann erreicht oder verfehlt werden. Wenn ein Ziel nicht verfehlt werden kann, also zwangsläufig erreicht wird, ist dafür ein Naturgesetz verantwortlich.

Ein Beispiel dafür ist ein Flusssystem. Aus der Luft gesehen bildet es ein gegliedertes Fächerwerk, in welchem zahlreiche kleinste Wasserläufe aus Quellen entspringen und sich zu größeren Bächen, viele Bäche sich zu Flüssen und diese schließlich zu einem Strom vereinigen, der irgendwo ins Meer mündet. Das Wasser fließt stets abwärts, mäandert durchs Land, gerichtet vom Gefälle und von Hindernissen, ist aber nicht zielgerichtet, es sei denn, man ernennt nachträglich die Mündung zum Ziel des Systems.

Ein phylogenetischer Stammbaum der Lebewesen sieht ganz ähnlich aus, wird aber in umgekehrter Richtung durchlaufen. Die Richtung ist durch den Zeitablauf bestimmt. Grob besehen entstanden mit der Zeit aus einem Stamm immer komplexere Organismen. Da die Zeit gerichtet ist, ist auch am Stammbaum eine Richtung der Evolution abzulesen. Aber weder in ihrem Verlauf noch in der Vielzahl der heutigen Zweigenden sind Ziele zu erkennen, es sei denn man versteht nachträglich jedes Ergebnis als Ziel.

Manche Ziele werden zwar über Zwischenziele erreicht, die aber dürfen nicht abseits der Zielrichtung gelegene Sackgassen bilden. Wer nur den Menschen und keinen anderen heutigen Organismus als Ziel der Evolution versteht, muss erklären, wie es zu den 90 % der ausgestorbenen Sackgassen-Zweigenden kam. Sicher kein Zwischenziel zum Menschen waren die Dinosaurier, die 170 Mio. Jahre lang die Erde bevölkerten, bis ein gewaltiger Meteoriteneinschlag sie beseitigte und die Weiterevolution der damals bereits vorhandenen urtümlichen und nachtaktiven, insektenfressenden Säugetiere ermöglichte.

18.2 Arterhaltung und Da-Sein des Menschen als philosophische Zielvorgaben

Im Menschen steckt ein gefühltes Bestreben nach Überleben. Thomas von Aquin kennt zwei vorgegebene Neigungen: die zur Selbsterhaltung (allen Substanzen eigen) und die zur Arterhaltung (allen Sinnenwesen eigen). Was schon für die Sinnenwesen allgemein gilt, sollte erst recht für den Menschen gelten. Daraus schöpften Philosophen (und bis in jüngste Zeit auch Biologen) den Glaubenssatz, in der Natur der Lebewesen und in ihrem Verhalten sei das Prinzip der Arterhaltung vorgegeben und wirksam.

Das ehrwürdige aber irrige Prinzip der Arterhaltung wird verständlich, wenn man berücksichtigt, welche geistigen Koryphäen es vom 13. bis ins 20. Jahrhundert verkündet haben: Thomas von Aquin und Sigmund Freud gingen von dem philosophischen Glaubenssatz aus, dem Menschen wie dem Tier diene der Sexualtrieb zur Arterhaltung. Konrad Lorenz (1963, 1973, 1983, S. 28) postulierte ein arterhaltendes Prinzip als angeborenes oberstes Gebot der sozial lebenden Organismen; er meinte, die Individuen dienten der Arterhaltung wie die Organe der Erhaltung des Körpers. Franz Böckle (1977, S. 263) hält diejenigen genetisch programmierten Verhaltensmuster für „richtig", die dem gesetzten Ziel der Arterhaltung am besten dienen.

Biologische Arterhaltung ist nur so lange aktuell, wie sie verträglich ist mit dem eigenen Fortpflanzungsvorteil, auf den hin die Individuen eigentlich agieren. Individuen können nicht ihren eigenen Fortpflanzungsvorteil der Arterhaltung opfern. Priorität hat schöpfungsgemäß für alle Individuen die Erhaltung und möglichst effektive Verbreitung des eigenen Erbgutes, auch zum Nachteil des Wohles für die Art, und sie töten, wie schon besprochen, nicht-verwandte Artgenossen, die dem im Wege stehen. Ginge es vorrangig um die Arterhaltung, dann sollten pflegebereite Erwachsene keinen Unterschied machen zwischen eigenen und pflegebedürftigen fremden Jungen ihrer Art, sie brauchten ihre eigenen Jungen von fremden nicht zu unterscheiden.

Arterhaltung ist kein Programmbestandteil der Schöpfung, kein Prinzip sondern eine Folgeerscheinung von Wachstum, Fortpflanzung und natürlicher Selektion, ebenso, wie es Artensterben, Individuenerhaltung und Individuensterben sind. Die allermeisten Arten, die es auf der Erde schon gegeben hat, sind nicht erhalten geblieben, sondern durch andere verdrängt worden. Manche Arten bleiben zwar unter günstigen Umständen lange Zeit erhalten, aber als Nebeneffekt dieser Umstände, so wie die Alpen und andere Randgebirge erhalten bleiben als Nebeneffekt der geologischen Plattentektonik, ohne Erhaltungsprinzip.

Auch Darwin behandelte nicht die Arterhaltung, sondern die Entstehung und den Wandel der Arten. Bei Philosophen allerdings galt von jeher ein vermeintlich offensichtliches Prinzip der Arterhaltung sogar vorrangig für den Menschen. Denn „Gott hat alles für den Menschen erschaffen, für ihn sind der Himmel und die Erde und das Meer und die gesamte Schöpfung da" (K 358), so „dass, ohne den Menschen, die ganze Schöpfung eine bloße Wüste, umsonst und ohne Endzweck seyn würde" (Kant 1785, § 86). Da bei keiner Art von Lebewesen ein über den Fortpflanzungsdrang der Individuen hinausgehendes Bemühen um die Erhaltung der eigenen Art zu finden ist, dann ist auch beim Menschen nicht damit zu rechnen, dass in seiner biologischen Natur ein Bedürfnis wurzelt, für den Erhalt der Menschheit zu sorgen. Eine Pflicht zur Erhaltung der Menschheit ist in der Natur nicht angelegt. Wie um dieses Manko zu kompensieren (tatsächlich jedoch unter fälschlicher Berufung auf ein natürliches Arterhaltungsprinzip), haben Philosophen ein entsprechendes Erhaltungsgebot aufgestellt.

Hans Jonas (1979, S. 36) formuliert die Maxime: „Handle so, dass die Wirkungen deiner Handlung verträglich sind mit der Permanenz echten menschlichen Lebens auf Erden"; er beansprucht (S. 90) höchste Verbindlichkeit für den Imperativ „dass eine Menschheit sei". Hubert Markl (1989, S. 29) meint zur Menschenwürde: „eines gehört unabdingbar stets dazu: die Zukunftsfähigkeit der menschlichen Spezies. Es lässt sich keine Freiheit rechtfertigen, die den Verzicht auf dieses Ziel einschließt." Matthias Kleiner hat das 2011 in seiner Festrede auf der DFG-Jahresversammlung doppelt unterstrichen: „Eine unveräußerliche Bedingung … ist der Erhalt, schlicht die Existenz der Menschheit… Da gibt es nichts, was das Da-Sein des Menschen auch nur in Frage stellen kann. Das Vorhanden-Sein der Menschheit ist bedingungslos. Das ist unser unhintergehbares Prinzip." Und weiter: „Da der Mensch sein soll, soll und muss auch die Welt sein. Welt und Mensch sollen also sein. Gut soll es beiden gehen. Zukunft sollen beide haben. Das sind unsere Imperative. Insofern Mensch und Welt einander bedingen und einander beeinflussen, ist es im Grunde ein einziger gültiger Imperativ." Der Biologe Klaus Hahlbrock (2006) erklärt zwar, warum die Annahme, durch ein entsprechend gesteigertes Nahrungsangebot ließe sich eine beliebig dichte Bevölkerung am Leben und gesund erhalten, nicht einmal mehr als Arbeitshypothese vertretbar ist; er fordert aber dennoch die langfristige Existenzsicherung des *Homo sapiens*, und zwar „unter Wahrung der Menschenwürde in jeder Hinsicht", also unter Wahrung des Selbstbestimmungsrechtes. Das heißt, es gilt weiterhin (Kant 1785) „die Autonomie des Willens als oberstes Prinzip der Sittlichkeit. Die Handlung, die mit der Autonomie des Willens zusammen bestehen kann, ist erlaubt; die nicht damit stimmt, ist unerlaubt."

Doch die zwei philosophischen Setzungen, 1) der Imperativ, dass eine Menschheit sei, und 2) die Unverletzlichkeit von Würde und Selbstbestimmung der Person, sind miteinander nicht verträglich. Das entstehende Maximen-Dilemma hat Philip Kitcher (1993, S. 235) mit einem simplen Grenzfall eindrücklich illustriert: Angenommen, nach einer größtmöglichen Katastrophe auf der Erde hinge das Überleben der Menschheit von der Paarung zweier Menschen ab, damit eine Frau Kinder bekommt. Sie willigt aber nicht ein. Darf sie gezwungen werden? Man kann das Thema variieren. Was wäre, wenn bei eintretender Übervölkerung der Fortbestand der Menschheit davon abhinge, dass die Zahl der lebenden Menschen reduziert wird oder ihnen wenigstens das Grundrecht auf Fortpflanzung entzogen werden müsste? Wie viel Zwang darf (von wem?) ausgeübt werden, wenn keiner freiwillig zurücktritt? Es geht um die basale Frage, welche von zwei vorhandenen, aber im Ernstfall nicht miteinander verträglichen theologisch-philosophischen Maximen Vorrang haben soll, der Fortbestand der Menschheit oder die Unverfügbarkeit der Person;

„at stake are the relative values of the right to existence of future generations and the right to self-determination of those now living" (Kitcher 1985, S. 431). Nach Kant, Jonas, Markl, Hahlbrock und Kleiner gilt das Erhaltenbleiben der Spezies Mensch auf Kosten der Selbstbestimmung des Individuums, obgleich eigentlich „personale Werte vor vitalen eindeutig den Vorrang haben" sollen (Böckle 1977, S. 264). Wenn andererseits für Theologen die Würde der Person auf der Gottesebenbildlichkeit gründet, muss dem die Erhaltung der Spezies Mensch untergeordnet sein.

Es ist höchste Zeit, angesichts der drohenden Übervölkerung der Erde eine Lösung für das Kitcher-Dilemma zu finden. Dabei wird man beachten müssen, ob und wie sich eurozentristische Einsichten aus unserer Kultur, Religion, Wissenschaft und Rechtsprechung global ausweiten lassen.

Literatur

Böckle F (1977) Fundamentalmoral. Kösel, München
Hahlbrock K (2006) Kann unsere Erde die Menschen noch ernähren? Fischer, Frankfurt
Jonas H (1979) Das Prinzip Verantwortung. Suhrkamp, Frankfurt
Kant I (1785) Grundlegung zur Metaphysik der Sitten. Harknoch, Riga
Kitcher P (1985) Vaulting ambition. MIT Press, Cambridge
Kitcher P (1993) Vier Arten, die Ethik zu biologisieren. In: Bayertz K (Hrsg) Evolution und Ethik. Reclam, Stuttgart
Kleiner M (2011) Festrede. DFG-Druck, Bonn
Lorenz K (1963) Das sogenannte Böse. Borotha Schöler, Wien
Lorenz K (1973) Die Rückseite des Spiegels. Piper, München

Lorenz K (1983) Der Abbau des Menschlichen. Piper, München
Markl H (1989) Wissenschaft: Zur Rede gestellt. Piper, München
Mayr E (2004) What makes biology unique? Cambridge University Press, Cambridge
Mayr E (2005) Konzepte der Biologie. Hirzel, Stuttgart
Rhonheimer M (2007) Neodarwinistische Evolutionstheorie, Intelligent Design und die Frage nach dem Schöpfer. Imago Hominis 14:47–81
Weismann A (1909) The selection theory. In: Seward AC (Hrsg) Darwin and modern science. Cambridge University Press, Cambridge

19
Harmonisierung von Wissens- und Glaubensinhalten?

Der Kern einer „Biologie der Zehn Gebote" ist es, für Theologen und Philosophen folgende Frage zu beantworten: Wenn die Schöpfung angeblich auf den Menschen ausgerichtet ist, der Schöpfer selbst sie laut biblischer Erzählung für sehr gut befunden und mit einer natürlichen Regelung der Dekalog-Problemstellen versehen hat, warum soll diese Regelung dennoch für uns nicht gut genug sein? Sie erweist sich als ungenügend und muss um die im Dekalog liegenden Weisungen erweitert werden, weil bisher nur im Menschen die Fähigkeit angelegt ist, die zukünftigen Folgen momentanen Handelns in die Begründung für eine Handlung einzubeziehen. Deshalb macht es keinen Sinn, in der außermenschlichen Natur nach Vorläufern, Vorbildern oder Beispielen für ethisch-moralisches Verhalten des Menschen zu suchen!

Um diese Sonderstellung des Menschen zu verstehen, braucht es Grundkenntnisse der biologischen Evolution und der Gen-Kultur-Koevolution. Es ist völlig unzureichend, dass die Gene das entscheidende Kriterium fürs Mensch-Sein liefern, wie gegenwärtig in der Stammzell- und Klon-Debatte, in der Begründung von Embryonenschutz oder der Weitergabe der Erbsünde.

Bezüglich der belebten Natur und der Evolution des Menschen eine Übereinstimmung zwischen den Aussagen der Naturwissenschaft und denen der Glaubenslehre zu erreichen, erscheint vorerst aussichtslos, schon – wie eingangs erwähnt – von den Ausgangspositionen her: Ständig zu überprüfende Hypothesen als zeitgebundene Wahrheiten auf der einen Seite, revisionsresistente ewige Wahrheiten auf der anderen. Was Hans Jonas (1987, S. 315) den Philosophen vorhält, „dass die Philosophie, die heute die Bühne beherrscht, ja gerade eine vollständige Kapitulation darstellt vor den Kriterien des naturwissenschaftlichen Erkennens", gilt gleichermaßen für (zumindest die amtskirchlichen) Theologen. Sie versagen kläglich vor der Notwendigkeit, den Zuwachs an Wissen über die Schöpfung in das theologische Weltbild einzuordnen. Naturwissenschaft erforscht einen kontingenten Weg der Stammesgeschichte und beschreibt dessen Ursachen. Sie hat keine Gründe für die Annahme, die Evolution müsse zu einer Komplexitätssteigerung führen; Evolution ist kein Prozess zwangsläufigen Fortschritts. Es ist ja durchaus vorstellbar, dass sie auf dem Stadium der Prokaryoten oder der Protisten stehen geblieben wäre (Maynard Smith und Szathmáry 1996, S. 2). Die Theologie hingegen glaubt, der Weg der Stammesgeschichte sei vorgezeichnet, gerichtet verlaufen und habe mit dem Menschen sein natürliches Ziel erreicht (K 358; Kant 1790, § 86). Den Menschen steht es zwar frei, auch solche Weltbilder und Naturphilosophien zu entwerfen, die nicht auf die uns umgebende Schöpfung passen; aber für ein sachgemäßes Verstehen und Umgehen mit der Schöpfung sind sie untauglich.

Überdies ist die kirchliche Glaubenslehre ja in sich kein Endzweck, sondern zielt auf das Heil des Menschen. Wo von der Kirche Heilswahrheiten so formuliert sind, dass sie – sei es direkt oder indirekt – naturwissenschaftlich und speziell evolutionsbiologisch überprüfbar und potenziell falsifizierbar werden (wie etwa in der Lehre von einem Stammelternpaar), handelt es sich um theologische Kompetenzüberschreitung, auch wenn man es da lieber einen „Kategorienfehler" nennt (Hoff 2013, S. 420). Bislang wird von theologischer und moralphilosophischer Seite mancher naturwissenschaftliche Unsinn verkündet. Es muss aber möglich sein, Heilsaussagen in eine Sprache zu fassen, die nicht Widersprüche enthält zu naturwissenschaftlichem und speziell biologischem, im Prinzip von jedermann an der Schöpfungsrealität überprüfbarem Wissen. Dieses Wissen muss ständig erarbeitet werden; Unwissen wächst von selbst nach.

Dazu gibt es eine katholische quasi-dogmatische Aussage, wie Gott sich in der Schöpfung offenbart: „Die Kirche lehrt, dass sich der einzige und wahre Gott, unser Schöpfer und Herr, dank dem natürlichen Licht der Vernunft, aus seinen Werken mit Gewissheit erkennen lässt" (K 36; 47). Gewährsperson dafür ist Paulus (Röm 1, 19–20): „Seit Erschaffung der Welt wird Gottes unsichtbare Wirklichkeit an den Werken der Schöpfung mit der Vernunft wahrgenommen." Genauer erklärte Papst Pius XII. (1939): „Fügt sich unser Verstand nicht der Wirklichkeit der Dinge oder ist er taub gegen die Stimme der Natur, so phantasiert er im Reich der Träume und läuft einem Trugbild nach. Zwischen Gott und uns steht die Natur." Auch Joseph Ratzinger sprach (1985, S. 91/92) „von der Offenbarung Gottes, von den

‚Gebrauchsanweisungen', die von ihm objektiv und unauslöschlich in seine Schöpfung eingeschrieben sind. Folglich trägt die Natur und damit gerade auch der Mensch, sofern er Teil jener geschaffenen Natur ist, ihre Moralität in sich". Er betonte: „Für die Kirche ist die Sprache der Natur auch die Sprache der Moral. – Das Biologische zu achten bedeutet, Gott selbst zu achten und folglich seine Geschöpfe zu schätzen." Also muss, wer nach Gott-Erkenntnis strebt, um sie in eine Heilsaussage umzusetzen, sich an den Erkenntnissen der Evolutionsforschung orientieren.

Ein „Prinzip der Nicht-Interferenz von Glaube und Wissen" gemäß dem Vorschlag von Ulrich Kutschera (2009, S. 269), man solle „privaten Glauben bei der Diskussion biologischer Sachverhalte ausklammern", funktioniert nicht, solange das Lehramt der katholischen Kirche bestrebt ist, den privaten Glauben zu erziehen, und ihm dann die Bewertung biologischer Sachverhalte überträgt. Es genügt auch nicht, zu fordern, Theologie müsse sich in naturwissenschaftlich geprägter Gesellschaft „verorten". Denn leider berufen sich Theologen in ihren Aussagen über die Natur lieber auf das, was sie von der Mehrheit der Metaphysiker und Naturphilosophen über die Schöpfung glauben möchten, als auf das, was sie von der Natur wissen könnten. Wahrheiten lassen sich jedoch nicht durch Mehrheiten bestimmen. Denn es ist, wie Altbundeskanzler Helmut Schmidt (2011, S. 48) anmerkte, ein unbehebbarer Fehler der Demokratie, dass „die Mehrheit recht bekommt auch wenn sie nicht recht hat".

Für Philosophen genügt es nicht, sich hie und da mit passenden Bestandteilen aus dem gegenwärtigen Arsenal naturwissenschaftlichen Wissens zu bedienen. Vielmehr wird es auch für sie immer dringender erforderlich, die Evolution aller biologischen und kulturellen Merkmale sowie die Gen-Kultur-Koevolution so gründlich zu kennen und zu bewerten, wie Naturwissenschaftler sie erforscht haben; daran können sich dann Theologen orientieren. Speziell katholische Theologen müssen ihren Argumentierungsweg mit verstandenen Schöpfungsfakten pflastern sein, ehe eine tragfähige Glaubensdecke darüber gelegt wird. Gelegenheit dazu hätte das von zwei Päpsten beschirmte Jahr des Glaubens 2013 geboten; leider ist es an denen, die es ausgerufen haben, vorbeigegangen.

Literatur

Hoff GM (2013) Schöpfungstheologie im Konflikt? In: Hoff GM (Hrsg) Konflikte um Ressourcen – Kriege um Wahrheit. Alber, Freiburg, S 431–442

Jonas H (1987) Technik, Medizin und Ethik. Suhrkamp, Frankfurt a. M.

Kant I (1790) Kritik der Urteilskraft. Lagarde, Berlin

Kutschera U (2009) Darwinismus, Dobzhanskyismus und die biologische Theorie der Evolution. In: Borrmann S, Rager G (Hrsg) Kosmologie, Evolution und Evolutionäre Anthropologie. Alber, Freiburg, S 255–270

Maynard Smith J, Szathmáry E (1996) Evolution. Springer Spektrum, Heidelberg

Papst Pius XII (1939) Über das Verhältnis von Naturwissenschaft und Religion. Ansprache zur Eröffnung des IV. Jahres der Päpstlichen Akademie der Wissenschaften, 3.12.1939

Ratzinger J (1985) Zur Lage des Glaubens. Neue Stadt, München

Schmidt H (2011) Religion in der Verantwortung. Ullstein, Berlin

MIX
Papier aus verantwortungsvollen Quellen
Paper from responsible sources
FSC® C105338

If you have any concerns about our products,
you can contact us on
ProductSafety@springernature.com

In case Publisher is established outside the EU,
the EU authorized representative is:
**Springer Nature Customer Service Center GmbH
Europaplatz 3, 69115 Heidelberg, Germany**

Printed by Libri Plureos GmbH
in Hamburg, Germany